主办 中国建设监理协会

中国建设监理与咨询

中国建筑工业出版社

图书在版编目（CIP）数据

中国建设监理与咨询 09 / 中国建设监理协会主办. —北京：中国建筑工业出版社，2016.4
ISBN 978-7-112-19413-1

Ⅰ.①中… Ⅱ.①中… Ⅲ.①建筑工程—监理工作—研究—中国 Ⅳ.①TU712

中国版本图书馆CIP数据核字（2016）第094786号

责任编辑：费海玲 张幼平 焦 阳
责任校对：李美娜 张 颖

中国建设监理与咨询 09

主办 中国建设监理协会

*

中国建筑工业出版社出版、发行（北京西郊百万庄）
各地新华书店、建筑书店经销
北 京 嘉 泰 利 德 公 司 制 版
北京缤索印刷有限公司印刷

*

开本：880×1230毫米 1/16 印张：$7^1/_4$ 字数：231千字
2016年4月第一版 2016年4月第一次印刷
定价：35.00元
ISBN 978-7-112-19413-1
（28695）

编辑部

地址：北京海淀区西四环北路158号
慧科大厦东区10B

邮编：100142

电话：（010）68346832

传真：（010）68346832

E-mail：zgjsjlxh@163.com

中国建设监理与咨询

目录 CONTENTS

行业动态

政策法规

本期焦点：聚焦全国监理协会秘书长工作会议

监理论坛

项目管理与咨询

创新与研究

人物专访

企业文化

民政部：曝光一批“山寨”国字头社会组织

民政部网站16日发布消息，民政部民间组织管理局主管的中国社会组织网开通了“离岸社团”“山寨社团”曝光台，该曝光台设置了通知公告、政策法规、媒体报道、山寨名单等栏目，并提供了“山寨社团”名单检索通道。

曝光台首批公布了包括“中国公益总会”“中国担保协会”“中国产品质量协会”在内的203家“山寨社团”名单，并将持续更新。这些机构主要是内地居民利用境内外对社会组织登记管理制度的差异，在登记条件宽松的国家和地区进行注册，多数都冠以“中国”、“中华”、“全国”等国字头字样，与国内合法登记的全国性社团名称相近甚至相同。“山寨社团”的主要目的就是在境内敛财，敛财手段包括发展会员、成立分会收取会费，发牌照、搞评选颁奖活动收钱，搞行业培训收费，有些甚至向企业敲诈勒索。

《境外非政府组织管理法》草案正在征求各方意见，这部即将出台的法律将对此类机构的活动进行监管，对涉嫌犯罪的予以打击。

民政部民间组织管理局目前掌握的“山寨社团”名单，涉及监理的有13家，分别是“中国建筑工程监理协会”、“中国工程施工监理协会”、“中国监理工程师协会”、“中国建设工程监理协会”、“中国建筑监理协会”、“中国工程监理协会”、“中国工程建设监理协会”、“中国建设监理行业协会”、“中国监理企业协会”、“中国工程监理行业协会”、“中国工程建设监理行业协会”、“山东省工程建设监理协会”等。

（张菊桃收集）

北京市住建委组织召开“2016年度北京市预拌混凝土质量驻厂监理工作会”

2016年3月17日，北京市住建委质量处组织召开了“2016年度北京市预拌混凝土质量驻厂监理工作会”。市住建委副主任王承军、住建部市场司监理处处长齐心参加会议并讲话。会议由质量处处长王鑫主持。

首先，市监理协会李伟会长作预拌混凝土生产质量驻厂监理工作总结。市监理协会按照市住建委《关于对保障性安居工程预拌混凝土生产质量实施监理的通知（试行）》（京建法[2014]20号）的要求，2015年1月起在全国率先开展了对预拌混凝土生产质量的驻厂监理，经过一年的探索实践，驻厂监理工作已步入正轨，为保证保障性安居工程结构质量发挥着积极有效的作用

会上，北京致远监理公司苏秋兰副总、通州区建委质检站李云胜站长，针对驻厂监理工作和驻厂监理监管工作分别介绍了经验和体会。

参加驻厂监理工作会的还有各区县建委的领导、建设总包单位的代表以及市监理协会、驻厂监理单位和市混凝土协会、混凝土生产单位共计230人。会上发放了《北京市预拌混凝土生产质量驻厂监理工作手册（试行）》一书。

（张宇红　提供）

浙江省建设工程监理联合学院成立

为进一步提升建设工程监理行业人才质量，促进建设工程监理行业发展，经浙江省住房与城乡建设厅同意，浙江省建设工程监理管理协会与浙江建设职业技术学院共同发起，并联合相关企业参与组建浙江省建设工程监理联合学院。日前，浙江省建设工程监理联合学院召开第一次理事会，标志着“联合学院”正式成立。省建筑业管理局副局长、会长叶军献，浙江省建筑职业技术学院院长何辉、副会长兼秘书长章钟出席会议并分别作了讲话。

成立监理联合学院的目的，是培养出受企业欢迎、能较好地适应现场工作的监理专业学生，充实到监理企业一线岗位里来。同时联合学院还将开展对在职监理人员的短期培训，通过培训考试，使他们提高岗位执业技能，更好地适应现场监理工作，由此而在一定程度上解决企业专业人才不足之困。联合学院的办学模式及合作机制，将体现“优势互补、资源共享、互惠共赢、协同发展”的办学精神，实现行业、企业、学院、学生四方共赢。

浙江省建设工程监理联合学院凭借专业院校的教学资源、行业协会的协调能力以及监理企业的实践实训环境，将有针对性地、有效地促进人才培养，对浙江省建设工程监理行业的可持续发展起到重要的人才保障作用。

（徐伟民　提供）

---

38 项工程获第十三届詹天佑奖

3 月 30 日，第十三届中国土木工程詹天佑奖（以下简称“詹天佑奖”）颁奖大会在北京隆重举行，北京国际会都 APEC 项目核心岛等 38 项科技创新工程荣获詹天佑奖，244 家参建单位获得詹天佑奖荣誉奖杯。住房城乡建设部党组成员、副部长易军，中国科协党组成员、书记处书记吴海鹰，中国土木工程学会理事长郭允冲在大会上发言。

易军在讲话中指出，詹天佑奖自设立以来，在建设、铁道、交通、水利等行业的科技工作者的共同支持和参与下，在社会各界产生了广泛影响，特别是对引导和加强我国工程建设自主创新和新技术应用发挥了重要作用。全行业要统一认识，让创新成为行业发展的共识；要解放思想，创造良好的创新环境；要创造条件，大力促进创新成果的转化；要着眼长远，培养高素质的科技创新人才队伍。

易军强调，作为贯彻创新战略、促进工程建设领域科技创新的詹天佑奖，要充分发挥示范带动作用，进一步激发工程建设行业的创新热情，促进行业科技发展水平的不断进步，促进我国由工程建设大国向工程建设强国转变。

郭允冲指出，詹天佑奖注重发挥科技奖励激励、导向、促进作用，坚持弘扬科技创新精神，鼓励自主创新与新技术应用，致力于引领、促进土木工程行业科技进步。奖项的评选始终坚持“数量少、质量高、程序规范”的评选原则和“公开、公正、公平”的设奖原则，得到社会各界的广泛关注和认可。获奖工程反映了我国当前土木工程在规划、设计、施工、管理等方面的最高水平和最新科技创新与应用。

郭允冲强调，詹天佑奖的评奖活动要积极响应国家号召，以促进土木工程科技发展与创新为基本要求，通过多部门协作、多学科集成，促进重大科技攻关，突破核心技术，通过建设重大工程，努力促进土木工程事业科学发展与科技创新，促进工程建设质量和安全水平的整体提升。

住房城乡建设部、交通运输部、水利部、科技部、中国科学技术协会、中国铁路总公司（原铁道部）、国家科技奖励工作办公室等单位有关负责人，中国建筑工程总公司、中国交通建设股份有限公司、中国铁路工程总公司、中国铁道建筑总公司等央企代表，中国土木工程学会、北京詹天佑土木工程科学技术发展基金会、中国土木工程学会各专业分会和各省市土建学会代表，获奖单位代表以及来自全国各省市的土木建筑科技工作者近 500 人参加了大会。

（摘自《中国建设报》胡春明）

安徽省建设监理协会召开四届三次理事会暨四届二次会员大会

2016 年 1 月 29 日，安徽省建设监理协会在合肥市天鹅湖大酒店召开了安徽省建设监理协会四届三次理事会暨四届二次会员大会。会议由安徽省建设监理协会陈磊副会长主持。安徽省住房和城乡建设厅曹剑副厅长参加会议并作重要讲话，对安徽省建设监理协会过去一年的工作给予了肯定，并对监理行业发展提出了几点希望；中国建设监理协会王学军副会长到会并就监理行业发展形势与问题以及中国建设监理协会近期工作作专题报告；盛大全会长作《安徽省建设监理协会 2015 年工作总结及 2016 年工作要点》的报告，总结 2015 年全年工作内容，并就 2016 年开展的重点工作提出了具体建议。各理事、会员单位代表出席了会议。

四届三次理事会审议通过 6 家企业退出会员单位的报告，审议接纳了 24 家新会员入会，审议调整了 2 名常务理事、3 名理事人选，并就提交四届二次会员大会审议事项进行表决；四届二次会员大会审议通过了《安徽省建设监理协会 2015 年工作总结及 2016 年工作要点》、《安徽省建设监理协会章程》修改提案、《安徽省建设监理行业诚信自律公约》及诚信自律委员会组成人员提名、《安徽省建设监理协会个人会员管理办法》和《安徽省建设监理协会会费标准及缴纳管理办法》。

（何秀娟　提供）

2016 年武汉建设监理行业理论研究暨宣传通联工作会议成功举办

2016 年 1 月 28 日下午，2016 年武汉建设监理行业理论研究暨宣传通联工作会议在湖北省老干部活动中心四楼报告厅成功举办。武汉建设监理行业各企业领导、理论研究者和通联员，协会全体会长、副会长、监事和三大专委会委员、四大课题研究组成员以及记者团记者近 150 人参加会议。武汉市城建委质安处处长谢卫华、原武汉市城建委副巡视员邱济彪、湖北省建设监理协会理事长刘治栋以及武汉建筑业协会、武汉建设工程造价管理协会、武汉混凝土协会、武汉建筑装饰协会、武汉市新型建筑材料产业协会、武汉建设安全管理协会、武汉市市政行业协会等武汉建设行业协会的领导应邀出席会议。会议由协会本月轮值副会长陈望华主持。

首先，协会副会长杨泽尘作了大会主题报告——《做好理论研究和宣传通联工作助推行业治理与协会工作稳步前行》，对 2015 年度武汉建设监理行业理论研究暨宣传通联工作作了全面而生动的概括；协会秘书长吴正邦宣读了《关于表扬 2015 年度武汉建设监理行业通联工作和理论研究工作先进单位、优秀个人以及协会优秀记者的通知》，现场对 2015 年度武汉建设监理行业通联工作先进单位、支持单位，理论研究先进单位、先进个人，协会优秀记者以及优秀通联员进行了颁奖，部分获奖代表到会发言交流经验；会长汪成庆为 2016 年度武汉建设监理协会 15 位记者颁发了荣誉聘书。

值得关注的是，本次会议举办了隆重的协会网站上线仪式，自此，改版升级后的武汉建设监理网将正式与大众见面并投入运营使用。

湖北省建设监理协会理事长刘治栋对协会过去一年来积极适应新机制、新常态，在理论研究及宣传通联工作以及引导企业转型升级方面所做的工作给予了充分肯定和赞赏，对协会所取得的成绩表示衷心的祝贺，并祝愿大会取得圆满成功。市城建委质安处处长谢卫华充分肯定了一年来协会工作取得的巨大成绩，尤其是“三大专家委”、“四大课题研究”为推动行业发展作出的积极贡献。

在崭新的 2016 年，相信本次催人奋进的大会定会带领全行业更进一步重视文化宣传工作，实现理论研究与宣传通联工作的新跨越，助推行业治理与协会工作稳步向前发展。

（陈凌云　提供）

河南省建设监理协会组织召开专业监理工程师培训大纲和教材编写工作会议

3 月 15 日上午，河南省专业监理工程师培训大纲和培训教材编写工作会议在河南省建设监理协会会议室召开，专家委员会主任孙惠民，常务副主任蒋晓东，副主任郭玉明、张家勋，行业专家庞江水、黄春晓、张存钦、王郑平参加会议。

专业监理工程师在现场监理岗位序列中起着承上启下的关键作用，堪称项目监理部的“柱石之臣”，专业监理工程师的培养工作事关河南监理行业的发展大局，得到了省住建厅和省监理协会的高度重视。

孙惠民主任主持会议，对专业监理工程师培训大纲和教材的编写工作提出了具体要求，孙惠民主任强调，专业监理工程师的培训工作一定要紧贴岗位实际，培训大纲要结合专监的岗位职责，要有针对性，培训教材的内容一定要广纳专家们的心得体会和工作经验，通过编写高质量的培训教材，提升专监培训的效果。

在讨论中，专家认为，专业监理工程师的培训分层次，在项目监理机构和公司层面上，可以注重技术层面的培训，在协会层面上，应注重管理、沟通、协调等执业技能的训练，注重行业自律和职业道德、执业准则的内化，在教材编写上，应遵照政策性、操作性、实用性的原则，围绕如何做好专监工作、如何防范和化解执业风险、如何进行现场危机处理、如何协调好方方面面的关系、如何充分发挥监理的作用等方面收集案例，组织素材，编写出高水准的培训教材。

在教学方法，专家要求，授课老师要制作 PPT 课件，所有的老师都要充分运用案例教学法，让课程生动、形象、接地气，让学员喜欢听、有兴趣听，激发学员求知的欲望，不断丰富和完善自身的职业素养。

专家建议，在课程设计上，留出 2 个课时，邀请监理单位的高层管理者到课堂演讲，与学员互动。一方面，高层管理者分享出来人生经验和事业成功的“密码”，对于专监们来说，可以拓展自己事业的宽度和广度，树立事业发展的标杆；另一方面，高层管理者可以听听专监们的心声和诉求，以此修正或调整自己的制度设计和管理方法。

目前，专业监理工程师培训筹备工作正在有条不紊地推进，五月中旬下将如期开班。

上海市安质监总站赴上海市建设工程咨询行业协会调研

3 月 10 日上午，上海市建设工程安全质量监督总站站长黄忠辉、副站长金磊铭等一行来协会调研座谈，协会秘书处及监理专业委员会领导热情接待了总站的来访。

市安质监总站重点就装配式建筑监管、监理报告制度以及政府购买服务等方面进行了解，听取了协会和企业的意见。监理专业委员会成员纷纷表示，自监理服务收费标准取消后，取费水平严重下滑，费用一旦缺失，很难保证监理工作的有效开展，从而影响到建设工程的质量安全。同时，监理被赋予责任和权利不对等，多年来所承担的法律责任逐渐加重，对安全监督管理的责任不断扩大，制约了行业的健康发展。

黄忠辉站长指出，施工现场的工程质量和安全管控离不开监理工作的努力，行政主管部门可以借助业内有能力、有经验的专家等社会力量，充实政府监督管理队伍。他同时对协会工作提出几点要求，希望协会在装配式建筑安全管控、绿色建筑的现场管控等新技术应用方面深入研究、制定标准；鼓励企业大胆尝试专业化委托的监理服务产品；发挥行业协会的影响力和号召力，为行业改革建言献策，引领行业在建筑业乃至国家行政体系的改革过程中平稳过渡。

协会感谢安质监总站对协会工作以及监理行业一贯的支持，积极表态将不遗余力配合总站，研究制定工作标准，研究转型方式，带领行业在建设工程的质量安全管控方面发挥重要力量。

本次调研协会副会长陆国荣、杨卫东、王一鸣、张强、曹一峰、邓卫、卢本兴及常务副秘书长徐逢治出席会议。

深圳市纪委、市社会组织党委领导莅临深圳市监理工程师协会调研指导工作

2 月 26 日下午，深圳市纪委第六派驻组副组长、市两新组织纪工委副书记史维建同志，市社会组织党委副书记兼纪委书记肖卫国同志、党委办谢清顺同志莅临协会调研指导工作，并与协会党委的负责同志进行了座谈。

协会秘书长兼党委办主任龚昌云同志，向领导汇报了协会党委成立以来的党建工作。协会会长、党委书记方向辉同志，向领导汇报了深圳市建设、交通、水务、电力、通信等行业的工程监理和工程招标代理的基本情况，工程监理行业的法律地位、业务范围、业务性质、业务特点和可以协助上级组织开展反腐败工作的优势，以及与反腐败工作相关的妨碍工程监理依法履行监理职责的问题、造成工程监理逐渐失去应有独立第三方特质的问题和危害工程监理行业健康发展问题等，并详细汇报了协会提出的深圳市工程建设领域反腐败工作研究课题的基本思路和工作计划。协会党委副书记黄琼同志、党委副书记兼纪委书记黎锐文同志同时参加了座谈，并就深圳市工程监理行业暨工程建设行业的诸多问题做了汇报和交流。

市纪委第六派驻组副组长、市两新组织纪工委副书记史维建同志认真听取了协会党委负责同志的情况介绍和工作汇报，对协会提出的深圳市工程建设领域反腐败工作研究课题，提出了意见和建议。他指出，该课题要按照市委书记马兴瑞同志关于深圳市反腐败工作的总要求，突出要点和特色，发挥行业协会党委贴近行业实际、了解行业情况以及行业专家聚集的优势，针对深圳市目前工程招投标管理方面的问题，以及行业管理体制方面的缺陷进行研究，要敢于碰触敏感问题、抓住要害，并提出具有合法性、科学性、针对性和可操作性的研究成果，为市纪委、市委、市政府提供工作参考。

建筑施工安全专项整治启动

针对房屋建筑和市政基础设施工程进行的施工安全专项整治日前启动。

按照住房城乡建设部安全生产管理委员会的通知要求，此次整治重点包括安全生产主体责任落实、从业人员持证上岗、安全专项施工方案管理、深基坑工程安全管理、模板支撑系统安全管理、起重机械安全管理及城市地下综合管廊工程安全管理7个方面，其中城市地下综合管廊工程安全管理内容包括周边防护情况、环境的施工监督情况、管廊内防积水排水设施设置及落实到位情况等。

整治按照部署启动、自查自纠、检查督导和总结分析4个时段进行。3月为部署启动阶段，各地住房城乡建设主管部门研究制定建筑施工安全专项整治工作方案。4月至7月为自查自纠阶段，指导、督促本辖区内的建设、施工、监理等单位严格按照有关法规文件和标准规范的要求对施工现场开展自查自纠。8月至11月为检查督导阶段，在企业、项目自查自纠的基础上，对本地区重点企业和重点工程进行检查，对发现的问题和隐患要立即督促企业进行整改，住房城乡建设部将适时对部分地区进行督察。12月为总结分析阶段，评估建筑施工安全专项整治成果，研究提出有效预防深基坑坍塌、模板支撑系统坍塌和起重机械倒塌等事故的意见和建议，形成总结报告。

住房城乡建设部安全生产管理委员会要求，对在建筑施工安全专项整治工作中发现的问题和隐患，责令企业及时整改，否则一律予以停工。对安全生产主体责任不落实的企业和人员要加大处罚力度，导致安全事故的，一律依法暂扣或吊销相关证照，并依照有关规定在招投标、资质管理等方面给予限制，将处罚真正落到实处。

安徽省建设监理协会访津考察交流

为加强省市建设监理行业沟通学习，2016年3月21日上午，安徽省建设监理协会秘书长忻鸣和、副秘书长于娜、诚信自律委员会副主任杨力等一行四人到访天津市建设监理协会。天津市建设监理协会周崇浩理事长及秘书处工作人员对忻秘书长一行进行了热情的接待，双方举行了经验交流座谈。

座谈会上，周崇浩理事长介绍了天津市建设监理行业近两年来的发展情况与天津协会秘书处开展工作的情况，重点就建立企业、人员诚信评价方法及行业信息管理软件平台的工作进行了介绍。协会秘书处段琳副主任详细介绍了天津协会所推广使用的诚信评价信息化管理系统，从系统功能、操作方法、推广使用中的问题与经验等方面进行了讲解。

忻鸣和秘书长也介绍了安徽省协会的理事会制度、开展专业监理工程师上岗从业水平能力考试等各方面工作特点，强调安徽省协会充分重视各项管理制度对于服务企业的可操作性，以及在促进企业发展、调动企业积极性方面起到的协会服务职能作用。

忻秘书长十分关注天津协会诚信评价管理系统的实际应用成果，并详细询问了有关诚信评价的考核方法、管理软件的使用方法等问题，对于大津协会不断优化系统、调动企业积极性、采取有效措施在行业内全面推广使用诚信评价系统的方法也极为赞同。

通过交流，双方领导都十分重视对方的先进管理经验，表示今后要继续加强相互之间的学习交流与沟通，为行业发展作出贡献。

（张帅　提供）

关于印发《住房城乡建设部建筑市场监管司2016年工作要点》的通知

建市综函[2016]12号

各省、自治区住房城乡建设厅，直辖市建委，北京市规委，新疆生产建设兵团建设局，国务院有关部门建设司：

现将《住房城乡建设部建筑市场监管司 2016 年工作要点》印发给你们，请结合本地区、本部门的实际情况安排好今年的建筑市场监管工作。

附件：住房城乡建设部建筑市场监管司 2016 年工作要点

中华人民共和国住房和城乡建设部建筑市场监管司

2016 年 1 月 26 日

附件

住房城乡建设部建筑市场监管司2016年工作要点

2016 年，建筑市场监管工作思路是：认真贯彻党的十八大和十八届三中、四中、五中全会及中央城市工作会议精神，全面落实全国住房城乡建设工作会议工作部署，以深化建筑业改革为主线，以推动企业发展为目标，以健全市场机制为手段，完善建筑市场监管体制机制，继续推进工程质量治理两年行动，加大对违法违规行为的处罚，深入推进行政审批制度改革，推动建筑业创新发展。重点做好四个方面工作：

一、全面推进行业改革与发展

（一）深化建筑业改革。继续深入开展建筑业调研，重点研究建设项目组织实施与建造方式、建筑产业工人队伍建设、政府监管方式等方面的改革措施，制定深化建筑业改革促进行业发展的若干意见。召开全国建筑业大会，全面部署建筑业改革与发展工作。出台建筑业发展“十三五”规划。

（二）创新发挥建筑师作用机制。完善建筑设计招投标决策机制，修订出台建筑工程设计招标投标管理办法。进一步明确建筑师权利和责任，鼓励建筑师提供从前期咨询、设计服务、现场指导直至运营管理的全过程服务，试行建筑工程项目建筑师负责制。鼓励建筑事务所发展，繁荣建筑创作，加快培养一批既有国际视野、又有民族自信的建筑师。

（三）推进工程招投标和监理制度改革。推进工程招投标制度改革，试行非国有资金投资项目建设单位自主决定是否进行招标发包，简化招标投标程序，推行电子化评标，研究探索合理低价中标办法及配套措施。探索工程监理制度改革，合理确定强制监理范围。加快监理行业结构调整，鼓励企业跨行业、跨地域的兼并优化重组，在部分地区开展监理制度改革试点，出台进一步推进工程监理行业改革发展的指导意见。

二、着力增强企业市场主体活力

（四）转变建筑用工方式。建立多元化用工方式，大力发展小微专业作业公司，提高建筑工人组织化水平。推进建筑劳务用工实名制管理，制定建筑劳务用工实名制管理办法，鼓励有一定技能和管理能力的农民工返乡创业。

（五）营造促进企业发展的政策环境。完善市场化的风险防范机制，发挥工程担保、保险等市场机制的作用，推行工程款支付和承包商履约担保。依法清理建筑业涉企保证金，试行保函代替保证金，减轻企业负担。推动建立统一开放的建筑市场，对企业反映强烈的地区壁垒问题进行督查。

（六）支持企业创新发展。研究支持政策，加大服务力度，鼓励企业开展工程总承包、工程咨询和项目管理服务，支持企业开拓国际工程承包市场，引导企业专业化、精细化、多元化发展。推广工程总承包制，出台进一步促进工程总承包发展的若干意见，以建筑和市政工程领域中的政府投资工程为重点，扩大工程总承包试点地区和项目。

三、大力加强建筑市场监管

（七）推进法律法规制度建设。修订勘察设计工程师、建造师、监理工程师管理规定及资格考试、继续教育等制度，加强注册执业资格管理。修订出台建设工程勘察合同示范文本、建设工程施工专业分包合同示范文本，完善合同管理制度。深入开展调研，配合作好《建筑法》修订工作。

（八）继续推进工程质量治理两年行动。继续开展工程质量治理两年行动，严厉查处转包和违法分包等行为。加大通报力度，曝光违法违规典型案例，加强社会和舆论监督。做好两年行动总结评估工作，修订建筑工程施工转包违法分包等违法违规行为认定查处管理办法，研究建立长效机制，将打击违法发包、转包、违法和挂靠等违法行为工作常态化。

（九）加大建筑市场动态监管及查处力度。加强建筑市场诚信体系建设，研究制定建筑市场信用管理办法，推进建筑市场诚信信息公开。提高建筑市场监管信息化水平，完善全国建筑市场监管与诚信信息发布平台，在实现部数据与省级数据实时互联共享的基础上，加快推进企业、个人、项目数据与日常市场监管工作联动，提高监管工作效能。加强建筑市场违法违规行为的查处，对发生违法违规行为和质量安全事故的企业和个人依法处置、追责。

四、深入推进行政审批制度改革

（十）继续推进简政放权。研究下放部分行政审批权限，减少审批环节，提高审批效率。研究建筑市场准入制度，完善资质考核指标体系。简化资质考核条件，修订工程设计、监理等资质标准，精简资质类别设置，减少申报内容，方便服务企业。

（十一）创新行政审批方式。全面实现建设工程企业资质电子化申报和审查。完善建设工程企业资质电子化审批系统，健全专家异地评审制度，推进计算机辅助审查。开展建筑师、勘察设计注册工程师、监理工程师注册电子化审查试点工作。

（十二）加强服务和监督。适时修订企业资质和人员资格审批工作服务指南及工作制度，继续更新、改进“建设工程企业行政审批专栏”，规范审批行为，提高服务质量。加大企业资质和人员资格审批后的监管力度，依法查处弄虚作假企业和人员。加强层级监督，定期对地方资质资格管理部门的工作进行监督检查，及时纠正违规行为。

关于印发《住房和城乡建设部工程质量安全监管司2016年工作要点》的通知

建质综函[2016]4号

各省、自治区住房城乡建设厅，直辖市建委（规委），新疆生产建设兵团建设局：

现将《住房和城乡建设部工程质量安全监管司 2016 年工作要点》印发给你们。请结合本地区、本部门的实际情况，安排好今年的工程质量安全监管工作。

附件：住房和城乡建设部工程质量安全监管司 2016 年工作要点

中华人民共和国住房和城乡建设部工程质量安全监管司

2016 年 2 月 4 日

附件

住房和城乡建设部工程质量安全监管司2016年工作要点

2016 年，工程质量安全监管工作将认真贯彻党的十八大和十八届三中、四中、五中全会精神，贯彻中央城市工作会议和全国住房城乡建设工作会议精神，牢固树立质量第一和安全发展理念，以确保质量安全为目标，以深化建筑业改革发展为动力，以加强监督执法为抓手，以推动先进技术应用为支撑，全面提升质量安全监管能力，确保全国工程质量安全水平稳步提升。

一、加强工程质量监管，全面落实质量责任。一是深入推进工程质量治理两年行动。全面落实工程建设五方主体及项目负责人质量责任。组织开展监督执法检查，加大对违法违规行为处罚力度。继续开展两年行动万里行活动，加大舆论宣传和曝光力度。召开全国工程质量治理两年行动总结电视电话会议，总结交流经验，研究建立工程质量治理长效机制。二是继续推进专项治理。继续推进实施住宅工程质量常见问题专项治理，开展专项治理示范工程创建活动，推行样板间制度。大力推行工程质量管理标准化，推进质量行为管理标准化和工程实体质量控制标准化。继续组织开展老楼危楼安全隐患排查整治，严防发生垮塌等重大事故。认真调查处理工程质量事故、质量问题和质量投诉举报。三是创新体制机制。鼓励通过政府购买社会服务的方式，解决监管力量不足的问题。研究推行工程质量保险制度，组织开展工程质量保险试点。四是强化监管队伍建设。加强政府对工程建设全过程质量监管，充分发挥质量监督机构作用，强化监督执法地位。创新监管方式，加大日常巡查、飞行检查和随机抽查力度，实行差别化监管，提高监管效能。

二、强化建筑施工安全监管，提高安全生产保障水平。一是强化监督执法。积极推进建筑施工安全监管规范化建设，研究制定建筑施工安全监督文本，促进严格执法、规范执法。针对建筑起重机械、高支模、深基坑等风险隐患突出的重点领域，深入开展施工安全检查和专项整治，坚持标本兼治，有效遏制较大及以上事故。严格建筑生产安全事故调查处理，健全对事故责任企业和人员的责任追究机制，切实落实安全责任。二是推进监管信息化建设。加快建设包含建筑施工企业、施工人员、起重机械、施工项目、施工安全事故、施工安全监管机构及人员等信息的“六位一体”的建筑施工安全监管信息系统，促进信息化在日常监管工作中的应用，提升建筑施工安全监管效能。三是建立完善建筑安全生产信用体系。研究制定《关于加强建筑施工安全生产诚信体系建设的指导意见》，推动建立建筑施工安全生产承诺、安全生产不良信用记录、安全生产诚信“黑名单”等制度，加大建筑安全失信惩戒力度，强化企业安全生产诚信意识，提高建筑安全生产诚信水平。四是加强建筑安全生产宣传教育。深入开展“安全生产月”等活动，推动全行业加强安全生产文化建设。编制《工程项目施工人员安全生产教育指导手册》，推动各地加强工程项目施工人员安全教育培训，提高安全意识和操作技能。广泛开展建筑安全监管人员教育培训，提高安全监督执法能力和水平。

三、推动行业技术进步，提升勘察设计质量水平。一是加强勘察设计质量监管。继续贯彻落实勘察设计项目负责人质量安全责任规定，强化勘察设计企业和人员主体责任。开展建筑工程勘察设计质量监督检查，加强勘察设计质量管理。推广数字化交付与审查，完善施工图审查制度，提高勘察设计质量。二是推动建筑设计水平提升。宣传贯彻新时期建筑方针，发挥建筑师主导作用，引导建筑设计发展方向。研究大型公共建筑设计后评估标准和实施办法，探索建立设计后评估制度。三是推动信息化等先进技术应用。印发《2016–2020 建筑业信息化发展纲要》，开展 BIM 等技术应用示范，组织建筑业十项新技术修订，推动建筑业创新发展。四是推进建筑产业现代化。积极配合推广装配式建筑，印发并宣贯《建筑产业现代化发展纲要》，印发相关设计深度规定和审查要点，研究推进绿色建造政策措施，推动建筑业转型升级。五是支持城市重点工程建设。开展海绵城市、城市地下综合管廊、地铁国家建筑标准设计体系研究。组织编制建筑产业现代化、海绵城市、综合管廊和绿色建筑等相关标准设计图集，为城市重点工程建设提供技术支撑。

四、加强风险防控，保障城市轨道交通工程质量安全。一是加强创新能力建设。开展 BIM 技术在设计、施工阶段应用试点研究。规范设计后续服务模式，加强设计巡查、服务工作。推进施工方式创新，不断提高施工机械化水平。引导主管部门通过购买服务方式，提升质量安全管理水平。二是推进质量安全标准化工作。开展质量安全管理标准化应用实践研究，完善质量安全管理体系，落实企业管理主体责任。三是提升风险防控能力。组织开展城市轨道交通工程监督检查和专项治理工作，完善责任体系，加大质量安全整治力度，及时排除安全隐患。

五、加强抗震防灾体系建设，提升抗震防灾水平。一是夯实抗震防灾基础工作。落实城乡建设防灾减灾“十三五”规划要求，完善抗震防灾技术标准体系。二是强化抗震设防监督检查和技术指导。组织开展部分地区超限高层建筑工程和减隔震工程抗震设防专项检查，组织开展减隔震技术培训，推动减隔震技术应用。三是提升地震应急处置能力。制定震后房屋建筑安全应急评估技术和管理办法，强化专家队伍建设，完善地震应急处置体系。

六、加强法规制度建设，提升法治化水平和应急响应能力。一是推进法规制度建设。继续推进《建设工程抗震管理条例》立法工作，研究修订《建设工程质量检测管理办法》，研究制定《危险性较大的分部分项工程安全管理规定》和《城市轨道交通工程质量安全管理办法》。二是完善住房城乡建设系统事故灾难应对机制。按照国务院安委办、应急办和国家反恐办工作部署，协调部内工作机构落实相关职责，指导全国住房城乡建设系统安全生产、应急管理及反恐怖防范工作。

2016年3月开始实施的工程建设标准

序号	标准编号	标准名称	发布日期	实施日期
1	GB 51113-2015	光伏压延玻璃工厂设计规范	2015-6-26	2016-3-1
2	GB/T 50159-2015	河流悬移质泥沙测验规范	2015-6-26	2016-3-1
3	GB 50424-2015	油气输送管道穿越工程施工规范	2015-6-26	2016-3-1
4	GB 51114-2015	露天煤矿施工组织设计规范	2015-6-26	2016-3-1
5	GB 50427-2015	高炉炼铁工程设计规范	2015-6-26	2016-3-1
6	GB 50183-2015	石油天然气工程设计防火规范	2015-6-26	2016-3-1
7	GB 50215-2015	煤炭工业矿井设计规范	2015-9-30	2016-3-1

2016年4月开始实施的工程建设标准

序号	标准编号	标准名称	发布日期	实施日期
1	JGJ/T 385-2015	高性能混凝土评价标准	2015-8-21	2016-4-1
2	JGJ 113-2015	建筑玻璃应用技术规程	2015-8-21	2016-4-1
3	JG/T 486-2015	混凝土用复合掺合料	2015-8-21	2016-4-1
4	JG/T 176-2015	塑料门窗及型材功能结构尺寸	2015-11-13	2016-4-1
5	JG/T 228-2015	建筑用混凝土复合聚苯板外墙外保温材料	2015-11-13	2016-4-1
6	JG/T 482-2015	建筑用光伏遮阳构件通用技术条件	2015-11-13	2016-4-1
7	JG/T 484-2015	室内外陶瓷墙地砖通用技术要求	2015-11-13	2016-4-1
8	JG/T 483-2015	岩棉薄抹灰外墙外保温系统材料	2015-11-13	2016-4-1
9	JG/T 480-2015	外墙保温复合板通用技术要求	2015-11-13	2016-4-1
10	JG/T 479-2015	建筑遮阳产品抗冲击性能试验方法	2015-11-13	2016-4-1
11	CJ/T 487-2015	城镇供热管道用焊制套筒补偿器	2015-11-23	2016-4-1
12	JG/T 488-2015	建筑用高温硫化硅橡胶密封件	2015-11-23	2016-4-1
13	JG/T 485-2015	外墙涂料二氧化碳渗透率的测定方法	2015-11-23	2016-4-1
14	CJ/T 485-2015	生活垃圾渗沥液卷式反渗透设备	2015-11-23	2016-4-1
15	JG/T 252-2015	建筑用遮阳天蓬帘	2015-11-23	2016-4-1
16	JG/T 254-2015	建筑用遮阳软卷帘	2015-11-23	2016-4-1
17	JG/T 253-2015	建筑用曲臂遮阳篷	2015-11-23	2016-4-1
18	CJ/T 295-2015	餐饮废水隔油器	2015-11-23	2016-4-1
19	JG/T 489-2015	防腐木结构用金属连接件	2015-11-23	2016-4-1
20	JG/T 475-2015	建筑幕墙用硅酮结构密封胶	2015-11-23	2016-4-1
21	CJ/T 478-2015	餐厨废弃物油水自动分离设备	2015-11-23	2016-4-1
22	CJ/T 82-2015	机械搅拌澄清池刮泥机	2015-11-23	2016-4-1
23	CJ/T 81-2015	机械搅拌澄清池搅拌机	2015-11-23	2016-4-1
24	CJ/T 480-2015	高密度聚乙烯外护管聚氨酯发泡预制直埋保温复合塑料管	2015-11-23	2016-4-1
25	CJ/T 108-2015	铝塑复合压力管（搭接焊）	2015-11-23	2016-4-1
26	CJ/T 159-2015	铝塑复合压力管（对接焊）	2015-11-23	2016-4-1
27	CJ/T 486-2015	土壤固化外加剂	2015-11-23	2016-4-1
28	JG/T 481-2015	低挥发性有机化合物(VOC)水性内墙涂覆材料	2015-11-23	2016-4-1

本期焦点

聚焦
全国监理协会秘书长工作会议

2016 年 3 月 22 日，全国监理协会秘书长工作会议在北京召开。来自全国各省、直辖市及有关城市建设监理协会、有关行业建设监理协会（分会、专业委员会）的秘书长和实行个人会员制后的各协会负责个人会员管理的联络员共 120 多人参加会议。

住建部监理处齐心处长到会并讲话，他传达了中央城市工作会议精神；分析了监理行业的现状，指出近年来监理行业责任大、地位低、收入低，监理作用没有充分发挥，中共中央国务院对监理高度重视，特别要强化对监理的监管；介绍了住建部 2016 年度的监理方面工作计划，包括制定并落实推进监理改革的指导意见，有关监理资格初审、监理工程师继续教育改革等的部令修改，监理课题研究，监理改革试点，加强对监理的监管等。同时，对监理行业发展提出了建议：一是要为企业和监理工程师做好服务。实行个人会员制是与国际化接轨，协会要更好地做好服务，政府要支持协会，行业发展应该交给协会；二是监理取费，要保证行业必要的收益；三是要加强行业发展研究，推进监理工作标准化，监理发展要与建筑业改革相协调。

修璐副会长兼秘书长在讲话中肯定了过去一年来监理行业改革发展取得的成绩，分析了今年及十三五规划、供给侧改革等对监理行业发展的影响及因素。他指出，中央城市工作会议，关注工程质量安全，监理是重要环节，监理发展的基础动力是五方责任主体，这是监理行业存在的必要性。在保证工程质量安全的情况下，监理企业要向工程咨询业发展。监理行业要适应管理体制的变化，适应供给侧调整，找准监理升级的切入点，大力推进行业标准化建设，加快诚信体系建设。

温健副秘书长作中国建设监理协会 2016 年工作要点的报告。浙江、机械分会、天津、安徽协会分别交流了本会的工作经验。王学军副会长作了总结讲话。信息部王北卫主任和联络部张竞主任分别通报了《中国建设监理与咨询》和中国建设监理协会个人会员管理的有关情况。

在全国监理协会秘书长工作会议上的总结发言

中国建设监理协会　王学军

同志们：

2015年11月，协会秘书处向五届三次理事会提交了2016年工作建议，经过大家讨论提出了很好的修改意见。今天召开全国监理协会秘书长会议，温健同志报告了2016年协会要做的重点工作。刚才，部市场监管司齐心处长就完善和加强对监理行业规范管理，进一步发挥监理作用向大家作了报告，通报了监理行业发展概况和监理制度改革要做的几项工作，对协会工作提出了提高服务能力、加强会员权益保护、强化行业发展研究等要求，使大家对行业未来发展有了清醒的认识，增强了引导行业健康发展的信心。修璐副会长结合中央城市工作会议精神和“十三五”规划，分析了监理行业存在和改革发展的必要性和重要性，对监理行业适应改革发展提出了新的要求。对两位领导的讲话，我们要认真学习领会。会上，安徽省建设监理协会等三家协会和机械分会，就如何做好协会工作，促进行业和从业人员健康发展，分别介绍了他们的经验和做法。如安徽省建设监理协会开展监理人员从业水平能力考试，推广监理企业根据市场需求提供“菜单式”服务，开展个人会员管理；天津市建设监理协会建立监理企业信息管理系统，开展监理企业诚信评价和监理人员诚信评价工作；浙江省建设监理协会配合政府部门制订《监理工作标准》和《浙江省优秀监理企业和监理人员评选办法》；机械分会创新协会管理机制和坚持管理创新经验交流的做法等经验，值得大家借鉴。下午协会联络部主任张竞同志将就个人会员入会情况做出说明。信息部主任王北卫同志将向大家报告协会刊物有关情况。会上印发的关于行业评先管理办法征求意见稿，如有修改意见请告协会联络部。在此，对地方协会和行业协会（委员会、分会）给予中国建设监理协会工作的大力支持表示感谢。下面我谈几点意见，供大家在工作中参考。

一、通报一下与监理行业发展有关的情况

（一）中央城市工作会议与行业发展有关精神

2015年12月20日，中央在北京召开了中央城市工作会议，为推进城市协调发展，会议提出了五个统筹，即统筹空间、规模、产业三大结构，

提高城市工作全局性；统筹规划、建设、管理三大环节，提高城市工作的系统性；统筹改革、科技、文化三大动力，提高城市发展持续性；统筹生产、生活、生态三大布局，提高城市发展的宜居性；统筹政府、社会、市民三大主体，提高各方推动城市发展的积极性。为落实中央城市工作会议精神，2016 年 2 月下发了《中共中央、国务院关于进一步加强城市规划建设管理工作的若干意见》（中发 [2016]6 号）。该意见明确了指导思想、总体目标、基本原则，加强城市规划建设管理各项工作。其中，在提升城市建设水平中提出落实工程质量责任。强调完善工程质量安全管理制度，落实建设单位、勘察单位、设计单位、施工单位和工程监理单位五方主体质量安全责任。强化政府对工程建设全过程的质量监管，特别是强化对工程监理的监管。说明党中央国务院高度重视城市建设工程质量。重视监理行业的发展和监理作用的发挥。同时提出，加强职业道德规范和技能培训，提高从业人员素质。深化建设项目组织实施方式改革，推广工程总承包制，加强建筑市场监管，严厉查处转包和违法分包等行为。推进建筑市场诚信体系建设。实行施工企业银行保函和工程质量责任保险制度。建立大型工程技术风险控制机制。鼓励大型公共建筑、地铁等按市场化原则向保险公司投保重大工程保险等。

如何落实中央城市工作会议精神，住房城乡建设部陈政高部长在部机关全面落实中央城市工作会议精神动员大会上的讲话中归纳了十个工作目标：一是用五年左右时间，全面清查并处理建成区违法建设；二是用五年时间，完成所有城市历史文化街区划定和历史建筑确定工作；三是用十年左右时间，使装配式建筑占新建筑的比例达到 30%；四是到 2020 年，基本完成棚户区、城中村和危房改造；五是到 2020 年，城市平均路网达到 1 平方公里 8 公里公路；六是到 2020 年，特大、超大城市公共交通分担率达到 40%，大城市达到 30%，小城市达到 20%；七是到 2020 年，地级以上城市实现污水全收集、处理，缺水城市再生利用率达到 20%；八是到 2020 年，力争垃圾回收率提高到 35% 以上；九是力争用五年左右时间，基本建成垃圾回收和再生利用体系；十是到 2020 年，建成一批有特色的智慧城市。

（二）政府工作报告与行业发展有关精神

3 月 5 日，李克强总理在全国人大十二届四次会议上所作的政府工作报告中提出，今年发展的主要预期目标是：国内生产总值增长 6.5%~7%，居民消费价格涨幅控制在 3% 左右，城镇新增就业 1000 万人以上，城镇登记失业率 4.5% 以内，进出口回稳向好，国际收支基本平衡，居民收入增长和经济增长基本同步。单位国内生产总值能耗下降 3.4% 以上，主要污染物排放继续减少。

政府工作报告提出今年要重点做好八个方面的工作，其中与监理行业发展有关的：如在部分地区试行市场准入负面清单制度；对国家职业资格，实行目录清单管理；打破地方保护，加强价格监管。对于今年基础建设，李克强总理在政府工作报告中提出：今年要启动一批“十三五”规划重大项目。完成铁路投资 8000 亿元以上、公路投资 1.65 万亿元，再开工 20 项重大水利工程，建设水电核电、特高压输电、智能电网、油气管网、城市轨道交通等重大项目；中央预算内投资安排 5000 亿元；今年棚户区住房改造 600 万套，提高棚改货币化安置比例；开工建设城市地下综合管廊 2000 公里以上；新建改建农村公路 20 万公里；抓紧新一轮农村电网改造升级；积极推广绿色建筑和建材，大力发展钢结构和装配式建筑，提高建筑工程标准和质量。同时提出更好地激发非公有制经济活力。大幅放宽电力、电信、交通、石油、天然气、市政公用等领域市场准入，消除各种隐性壁垒，鼓励民营企业扩大投资、参与国有企业改革。从政府工作报告看，国家对基础建设投资规模还比较大，并且鼓励民营资本进入民生工程项目建设领域。因此监理行业的任务还很重。对行业协会发展，政府工作报告中提出，加快行业协会商会与行政机关脱钩改革，依法规范发展社会组织，等等。

（三）全国住房城乡建设工作会议与行业发展有关精神

2015 年 12 月 28 日，住房城乡建设部在北京召开了“全国住房城乡建设工作会议”，会议回顾了 2015 年工作，明确了 2016 年工作任务：2016年，是“十三五”开局之年，住房城乡建设部将围绕一条主线，做好七项工作。一条主线就是以落实中央城市工作会议精神为主线。七项工作：一是巩固房地产市场向好态势。大力发展住房租赁市场，用足用好住房公积金，鼓励农民工进城购房，推进棚改货币化安置，今年安排 600 万套棚户区改造任务。努力提高货币化安置比例。推动房地产 13.2 万家企业兼并重组。实现公租房货币化，不再新建公租房。二是树立城市规划的权威。推动《城乡规划法》与《刑法》衔接，做好县城规划工作。用五年左右时间全面清查并处理城市建成区违法建设。三是大力推进城市基础设施建设。以地下综合管廊、海绵城市、黑臭水整治三项工作为重点。其中地下管廊今年建成 2000 公里。四是全面加强城市管理工作，推进城乡建设综合执法。五是加快建筑业改革发展步伐。如国际通行的工程总承包和全过程项目管理咨询服务方式推进缓慢，建筑施工现代化管理水平亟待提高，工程质量安全责任落实不到位，工程质量监管制度有待完善等。近期正在调研，将提出突破性改革办法。六是推动装配式建筑取得突破性进展。在调研基础上，向国务院提出在全国城市全面强制推广装配式建筑建议。上海已决定在外环以内新建民用建筑全部采用装配式建筑。七是抓实抓好改善乡村人居环境工作。其中危房改造 400 万户以上，提出村内道路建设、村庄亮化工程、农村垃圾处理、城镇自来水和天然气向农村延伸等项工作。

（四）行业业务主管部门对行业发展有关的举措

会上，部建设咨询监理处齐心处长在讲话中，通报了研究制订《关于进一步推进工程监理行业改革发展的指导意见》和注册监理工程师继续教育和注册管理改革及行业发展课题调研等情况。对放开后的继续教育管理，部里正在研究制订管理办法。该办法未出台前按中监协《关于注册监理工程师过渡期注册有关问题的通知》执行。

二、几点希望

（一）认真贯彻本次会议精神

各地方协会和行业协会（委员会、分会），要结合本地区和行业实际，认真贯彻本次会议精神，支持完成好协会今年工作任务，促进行业健康发展。学习借鉴好兄弟省市行业协会工作经验，努力创造本协会在为会员服务、加强行业管理、加强自身建设，引导会员单位诚信经营、创新发展方面的工作经验。

（二）落实中央城市工作会议精神，正确理解政府强化对工程监理的监管

自工程监理制度建立以来，监理在国家工程建设中，尤其是在保障工程质量安全和履行法定的生产安全责任方面发挥了重要作用，取得了显著的成果。监理队伍已成为一支保障工程质量安全不可或缺的专业技术队伍。但是，监理在履职过程中也遇到和存在这样或那样的问题，有客观原因，也有主观因素。中共中央国务院关于进一步加强城市规划管理工作的若干意见提出，强化政府对工程建设全过程的质量监管，特别是强化对工程监理的监管。一方面说明监理在履职中确实存在一些需要亟待解决的问题；另一方面说明党中央国务院高度重视监理行业规范管理和监理作用的发挥。正确认识这一点，就会正确对待政府对于监理管理制度改革完善和加强对监理的监管的政策。

（三）引导监理企业适应改革、健康发展

党的十八届三中全会提出发挥市场在资源配置中的决定性作用，这是市场经济发展的规律。也就是说，市场资源能由市场自主配置的，政府就不直接干预。加大简政放权和放管结合改革，是中央政府近几年来工作的侧重点。简政放权，政府力度很大，能由市场自主配置和能由地方和行业协会管好的事权，正在陆续落地。放管结合是中

国国情决定的，不然会出现一放就乱的情形。地方协会和行业协会（委员会、分会），要引导监理企业加强内部管理，增强企业整体素质，适应改革发展环境。比如建设项目组织实施方式改革：建设项目组织实施方式今后将不再是单一的建设单位组织，而是会出现工程总承包制、建筑师负责制、工程质量保险制、政府购买服务等组织方式。地方监理协会和行业专业委员会、分会，要引导企业尽快适应建设项目组织实施方式的变化，根据委托人的需求，按合同约定，提供专业化服务。鼓励行业和企业制订行业和企业服务标准。引导企业提高专业化、标准化、精细化服务能力和管理信息化水平，依靠自身优质服务获得市场份额和报酬。

（四）配合政府部门作好“工程质量治理两年行动”部署的落实和诚信平台建设工作

工程质量关系到国家和人民的生命财产安全，“百年大计、质量第一”就是这个道理。监理是受建设单位或委托人委托，依据合同约定，按照法规、工程建设标准，勘察设计文件，在施工阶段对建设工程质量、造价、进度进行控制，对合同、信息进行管理，对工程建设相关方的关系进行协调，并履行建设工程安全生产管理的法定职责的服务活动。因此，控制质量是监理的一项重要职责。认识提高了，落实“工程质量治理两年行动”的总体部署就自觉了，政府制定的项目总监质量安全责任六项规定就能够认真去落实。我们要引导监理企业积极参加工程质量治理行动，认真履行法规赋予监理单位的开工审查等权力，发现现场安全隐患后，按照法规和监理规范的要求进行处置。

建设建筑市场监管与诚信信息一体化平台，是住房城乡建设部采取的旨在强化建筑市场监管，推进企业诚信经营、个人诚信执业的一项重大举措。推进企业、个人、项目数据与日常监管工作联动，对于促进监理企业诚信发展将起到非常重要的作用。不管是监理企业，还是监理从业人员，一旦有不诚信记录，就会在未来的中国建设工程监理市场失去经营和就业的机会。因此，企业一定要坚持诚信经营，个人一定要坚持诚信执业，保障长足发展。

（五）积极推进个人会员制度建设

为推进行业自律管理与国际接轨，加强对个人职业行为管理，强化监理行业诚信建设，促进注册监理人员适应智力密集型、咨询服务型行业发展的需要，在协会开展的团体会员、单位会员管理的基础上，经会员代表大会审议通过，建立了个人会员制度。在地方协会和行业专业委员会、分会的支持下，目前推进顺利。在企业推荐，地方协会和行业专业委员会、分会审核的基础上，经协会秘书处审查报会长批准，第一批已发展个人会员 8111 人。在发展个人会员的过程中，也会遇到一些想不到的情况和问题，希望我们共同努力，及时发现，及时沟通，合理解决，保障个人会员制度的顺利进行，为会员提供满意的服务。鼓励地方协会和行业协会（委员会）建立个人会员制度，加强行业自律管理。

（六）加强行业发展研究、促进行业健康发展

发挥行业专家委员会作用，配合政府部门对阻碍行业发展的热点、难点问题开展课题研究，在这方面北京市建设监理协会、浙江省建设监理协会、铁道专业委员会等协会在行业发展课题研究方面做了大量工作，也取得了一定成效。我们要继续组织行业专家加强对行业发展的研究，为政府部门制订行业改革发展、规范行业管理政策提供切合实际的、科学的理论依据。

（七）加大对监理行业正能量的宣传力度

充分利用行业组织的刊物和网络平台，宣传监理行业先进人物事迹，引导监理人员和会员认真履职，诚信服务，保障工程质量安全；报道企业内部管理、文化建设、人才培养、诚信建设、运用信息网络等现代技术推动管理和监理等方面的先进经验；报道刊登市场经济环境中监理取费价格信息，引导监理企业遵循市场经济规律，合理确定企业监理服务价格。促进企业诚信经营，规范服务。

中国建设监理协会的工作，离不开政府主管部门和地方协会、行业协会（委员会、分会）的支持，让我们共同携起手来，形成合力，为监理事业的健康发展而共同努力。

中国建设监理协会2016年工作要点

2016年协会工作的总体要求是：坚持以党的十八大和十八届三中、四中、五中全会精神以及习总书记系列重要讲话精神为指导，按照中央提出的“五位一体”和“四个全面”的发展理念，落实中央城市工作会议精神和全国住房城乡建设工作会议精神，团结带领广大会员，用改革的思路谋划协会发展，把创新的主旨贯穿工作始终，健全监理行业诚信体系和服务标准体系，引领行业技术进步，强化监理法定职责，推进工程监理事业健康发展。

一、落实“两年行动”方案，履行监理法定责任

配合住房城乡建设部进一步推进工程质量治理两年行动方案，全面落实《建设工程项目总监理工程师质量安全责任六项规定》和工程监理企业的质量安全责任。把两年治理行动的工作部署和工程监理的质量安全责任，落实到每一家工程监理企业，落实到每一个实施监理的项目，落实到每一名监理从业人员的岗位职责之中，形成安全有效的保障工程质量的监督机制。

二、立足改革发展需要，做好政府委托工作

配合政府主管部门完善监理工程师执业资格制度，提出调整监理工程师职业资格考试报名条件的建议，以及解决注册监理工程师总量不足和管理分散的办法。配合政府主管部门修订完善监理工程师管理规定及继续教育等制度，根据《国务院关于第一批清理规范89项国务院部门行政审批中介服务事项的决定》(【2015】58号)及住房城乡建设部相关要求，本着有序灵活、便捷高效的方式，协助推进监理工程师继续教育工作。做好政府委托的2016年度监理工程师资格考试等有关工作，配合监理工程师注册审查管理工作改革，加强行业管理。

三、加强行业发展研究，推进监理制度改革

配合政府主管部门完善工程监理制度建设，发挥工程监理作用，加快监理行业结构调整，鼓励企业跨行业、跨地域兼并优化重组；协助政府部门在部分地区开展监理制度改革试点，推动出台“关于进一步推进工程监理行业改革发展的指导意见”，发挥协会在调查研究、反映诉求和维护会员利益等方面职能作用；根据人社部《关于减少职业资格许可和认定有关问题的通知》(【2014】53号)文件精神，做好监理职业资格工作；倡导地方协会与企业协助政府主管部门编制出台监理工作标准，进一步规范监理从业人员的履职行为。

发挥专家委员会作用，做好“非注册监理人员培训指导意见”课题研究，提出非注册监理人员培训管理办法，指导地方和行业开展非注册监理人员培训工作；做好“房屋建筑工程项目监理机构及工作标准”课题研究，量化监理工作标准，

推动监理服务标准体系建设；做好“项目综合咨询管理及监理行业发展方向”课题研究，引导工程监理企业向多元化、专业化、精细化方向发展；开展“监理企业诚信规范”课题研究，制定监理企业诚信标准，推进监理行业诚信评价体系建设；开展监理人员执业责任保险研究，合理化解监理人员的执业责任风险，维护工程监理企业的权益。

四、规范监理价格行为，维护市场公平交易

遵循市场经济规律，针对工程监理服务价格市场化改革，引导企业诚信经营。鼓励各协会在遵守价格法及相关政策规定基础上，建立工程监理价格采集和发布机制，鼓励各协会借助网络平台，采集发布已成交的监理项目服务内容、服务标准、服务价格等信息，为社会提供合理的监理取费信息服务。

五、发挥刊物网站作用，加强监理行业宣传

办好《中国建设监理与咨询》刊物，加强工程监理行业动态信息和监理成果的宣传，提高工程监理的社会地位，发挥工程监理在工程建设中的重要作用。

树立行业“标杆儿”，大力宣传工程监理先进经验。加强监理工作交流，注重对装配式建筑、地下管廊、绿色建筑和境外监理项目等监理工作成果的宣传，为行业发展提供可借鉴的成功经验。开辟“工程监理与相关服务价格信息”专栏，刊登各地监理项目成交价格和相关取费信息。推动电子化办公，在刊物中增设协会文件发布栏目，今后将取消协会文件独立的纸质印发方式。完善网站建设，提升网络服务能力，逐步打造大数据平台。

六、表扬先进发布成果，搭建行业交流平台

2016年上半年将召开“建设工程监理企业信息化管理经验交流会”，总结交流工程监理企业信息化管理与BIM应用经验，促进工程监理与相关服务技术升级，提升工程监理企业创新发展能力。

2016年下半年将举办“建设工程监理与相关服务价格交流研讨会”。总结交流工程监理企业在应对监理服务价格市场化方面的有效措施和实践经验，提高应对服务价格市场化能力，引导企业规范价格行为，营造公平的市场竞争环境。

2016年还将组织开展“国际工程项目管理考察”；发布鲁班奖工程项目的监理企业及总监理工程师名单；在单位会员范围内，开展表扬先进工程监理企业、优秀总监和优秀监理工程师等活动。

七、强化协会自身建设，提升创新发展动力

“打铁还需自身硬”。协会将进一步抓好自身建设，健全行业自律机制，根据个人会员管理办法，稳步发展个人会员，开展个人会员免费网络业务学习，探索推进监理工程师执业责任保险制度，及时向政府主管部门反映行业诉求，维护单位会员和个人会员的合法权益。

开好协会理事会、常务理事会，加强分支机构管理，支持分支机构工作。加强协会党支部建设，打造廉洁自律、热心服务、办事高效的秘书处，适应协会改革需要，提升创新发展能力，努力为工程监理事业的改革和发展作出更大的贡献。

协会工作经验交流摘要

编者按

在北京召开的全国监理协会秘书长工作会议上，浙江省建设工程监理管理协会、中国建设监理协会机械分会、天津市建设监理协会、安徽省建设监理协会就如何做好协会工作，促进行业和从业人员健康发展，分别交流了本会的工作经验和做法。

尽最大力推动行业发展　以最诚心维护行业利益

浙江省建设工程监理管理协会秘书长　章钟

浙江省建设工程监理管理协会秘书长章钟介绍了浙江省建设监理行业的基本情况和浙江协会以协会章程为宗旨，以促进监理行业发展为核心，在行业政策研究、引导企业发展、解决行业之困、提升服务能力等四个方面做的工作以及取得的成效。章秘书长指出协会有责任、有义务为行业发展铺路、为企业解困出力。要做好协会工作，首先是领导要重视。多年来，省建设厅、省建筑业管理局的领导都对监理工作予以高度重视，给予了大力的支持。二是协会要尽职。协会一定要有勇气、敢担当，维护好行业的整体利益。三是会员要团结。只有大家团结一心，齐心协力，才能统一思想，才能办好事、办成事。

作分析　谈体会　稳推进　增聚力

天津市建设监理协会理事长　周崇浩

天津市建设监理协会理事长周崇浩从企业的资质等级、人员的素质、从业人员的年龄及知识结构、在监的工程项目、企业的经营状况等方面介绍了天津市监理行业的发展状况。周崇浩分享了协会在加强自身建设、提升服务质量水平、推进监理诚信评价体系、提升行业信息化建设、发挥协会桥梁纽带作用、增强协会公信力、推进行业法规建设、开展理论课题研究、创新人员培养模式、推进人才队伍建设、加强行业文化建设、提升行业凝聚力、建立行业自律约束机制、强化行业自律管理等方面所做的工作与成绩，尤其是建立监理企业信息管理系统、开展监理企业诚信评价和监理人员诚信评价方面的工作成果。

凝聚共识　创新发展

中国建设监理协会机械分会会长　李明安

中国建设监理协会机械分会会长李明安首先简要介绍了机械分会会员单位组成的基本情况，分享了分会在内部管理上的创新做法，即采取秘书处工作轮值制，明确会长单位和轮值单位工作内容、职责分工，在调动各副会长单位工作积极性的同时又保证了分会各项工作有序开展；修订完善工作条例，确定各项会议、财务预算等制度，使分会各项工作形成良性的运行机制；在做好机电安装工程继续教育培训外，还不定期组织相关培训，发放学习用书，给会员单位组织学习提供方便，倡导创建学习型企业。与此同时，分会积极参与中国建设监理协会组织的各项活动和有关行业发展的课题研究工作，为监理行业健康持续发展建言献策。李会长表示，机械分会将以蓬勃向上的精神状态，务实的工作作风，努力做好分会工作，为会员单位提升监理工作水平提供更多服务，创造更大价值。

发挥桥梁纽带作用　创新开展协会工作

安徽省建设监理协会会长　盛大全

安徽省建设监理协会会长盛大全介绍了协会在服务会员单位、研究监理行业改革与发展、加强监理行业诚信体系建设、规范行业行为、引导企业公平竞争、促进监理企业创新发展等方面开展的工作。安徽省建设监理协会积极发挥政府与企业间的桥梁纽带作用，做好政府助手，当好企业参谋；注重人才队伍建设，鲜明地提出安徽省建设工程监理人员从业水平能力提升工程，争取利用三年时间，培育出一批智力密集型、技术复合型、管理集约型的监理企业，初步达到全面提升监理人员执业素质和从业能力的目的；实行个人会员制度，开展对会员单位的诚信自律评估和个人会员的星级评定，成立独立于理事会外的监事会，保持协会高效、廉洁的正常运作；完善协会内部管理制度，使协会日常工作有章可循，更加制度化。盛会长表示安徽省建设监理协会将继续锐意进取，攻坚克难，为监理行业发展注入新的活力。

辽宁省科技馆钢结构工程技术总结与思考

浙江江南工程管理股份有限公司　颜超

摘　要： 本工程采用钢结构球体加工、拼装工艺其质量监控工作目前国内尚属罕见，浙江江南工程管理股份有限公司，辽宁省科技馆项目管理部通过不断探索，会同专业施工单位对本工程关键节点进行科学管控，做到了安全施工、质量保障、计划工期、控制投资成本等指标的顺利实现。

关键词： 鲁班奖　网架拼装　三维定位　卸载

一、工程概况

辽宁省科技馆工程，位于沈阳市浑南新城内，沈阳市三环路以外，全运路与 7 号路东段之间。总建筑面积约 10.2 万 m^2，结构屋面高度 31.1m，钢筋混凝土框架剪力墙结构。屋顶周边为型钢悬挑结构，最大悬挑跨度 15.8m。西北侧 Q~K/1~5 轴线之间即为双层钢球壳网架球幕影院。其外球半径为 19525mm，内球半径为 13690mm。外球为 H 型钢与直径 400mm 鼓型节点组成；内球为钢管相贯而成，且两球圆心在平面及竖向均不同心。两球心平面偏离 2821mm；竖向偏离 2952mm。球壳网架结构是本工程点睛之笔，本工程钢结构总用钢量约 4600t。通过所有参建单位的共同努力，本工程 2013 年荣获辽宁省优质工程“世纪杯”奖；2014 年荣膺“鲁班奖”殊荣。

本文重点介绍双层球体钢结构关键节点，工序的技术难点，以及监理工程师的管控亮点。

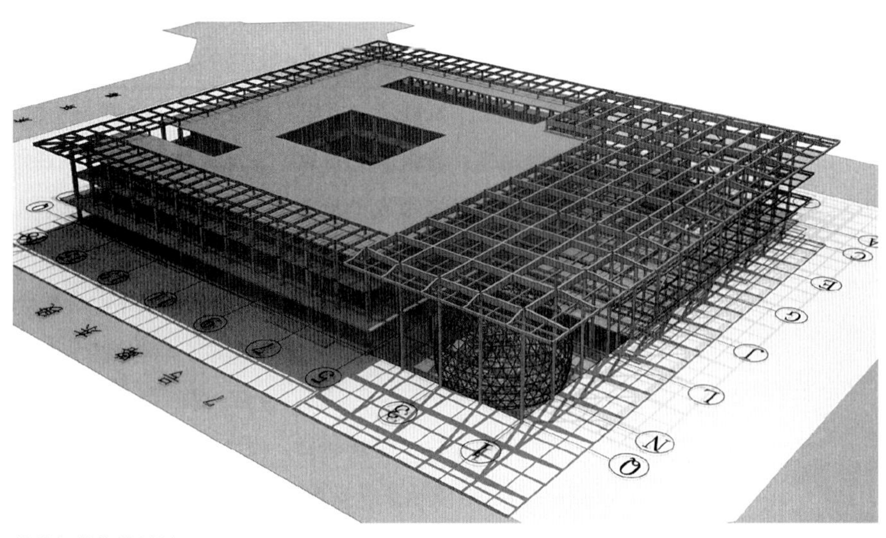

整体钢结构效果图

二、双层钢球壳网架拼装工艺概述

为确保拼装精度，进而确保后置工序安装质量，所有单根构件均由工厂加工，由经验丰富的监理工程师驻厂监造，合格后运至现场，搭设胎架拼装，确保构件合格率 100%。

（一）球体钢结构安装方案概述

双层球壳的安装采用“地面拼装球壳分块，球壳下部土建结构上设置临时支撑，吊车安装球壳分块，塔吊配合安装嵌补段构件”。

大型履带吊及汽车吊通道位于主体结构外围，距主体结构侧墙 12m 安全距离外布置。

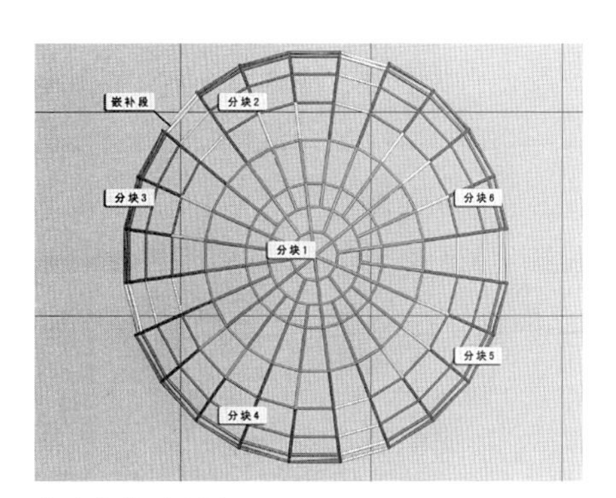

内球分块示意图

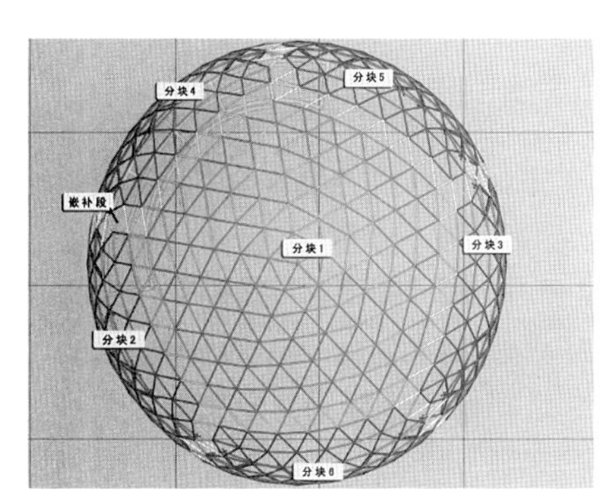

外球分块示意图

（二）现场组装支撑架的布置

根据球壳网架拼装特点，在网壳拼装前先在施工现场组装支撑架。为不破坏下部土建结构，支撑架底部设置在强度较高的土建柱或主梁结构上并作相应的加固措施。支撑布置见右图。

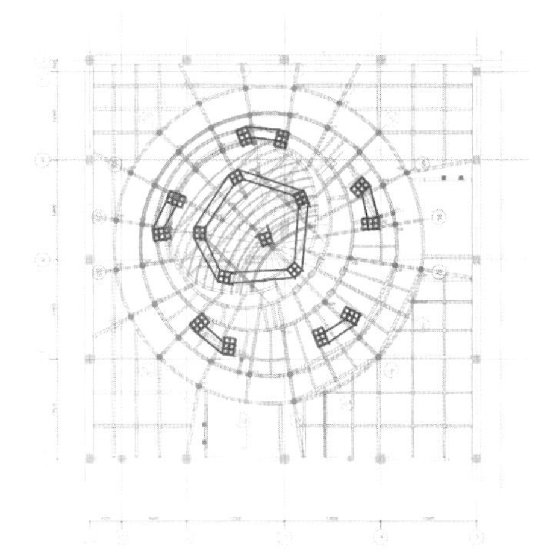

现场组装支撑架及刚性连接布置图

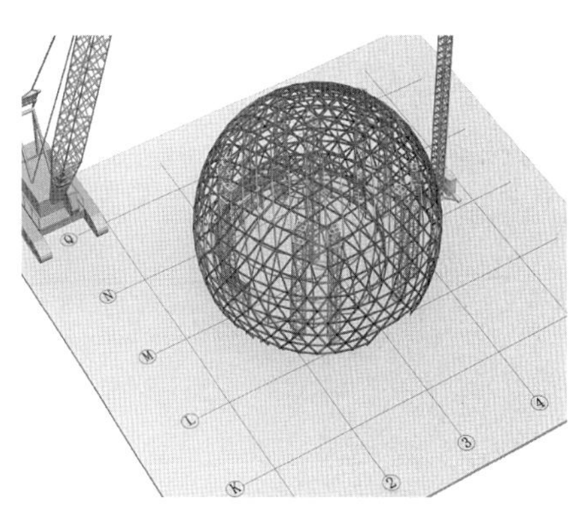

钢结构吊装机械布置及吊车路线图

（三）现场组装支撑架与混凝土结构连接节点及计算

预先在混凝土梁上预埋埋件，然后将支撑底座与埋件进行焊接固定。

（四）内球安装工况流程

由 1# 塔吊进行预埋件及支撑架的安装→安装内球顶部分块 1→安装内球下部分块 2→对称安装内球下部分块 3→同样方法安装其他内球下部分块→安装内球分块间嵌补杆件→卸载内球支撑架，仅留中间一个支撑。

（五）外球安装工况流程

安装外球支撑架→安装外球顶部分块 1→对称安装外球下部分块→按同样方法安装剩余外球下部分块→安装外球

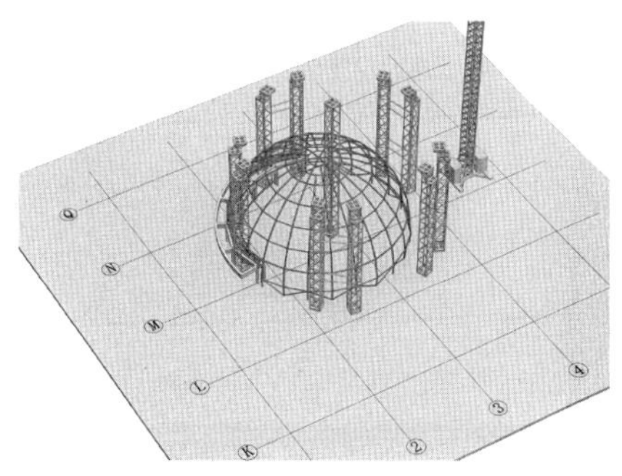

外球格构柱支撑架平面布置图

嵌补段杆件→完成焊接工作，卸载支撑架，报验。

（六）计算工况

内外球钢结构下部设置格构式支撑架，支撑底座及上部平台采用 H400×200×8×13。计算内球不加连杆时的支撑稳定性。实际现场支撑之间，采用杆件连接以保证支撑的稳定性。为提高钢结构施工的精度及安全性，内球和外球除顶部外，采用对称吊装的方法，即吊装完一块再吊装对称部位，以此类推。通过模型计算分别得出各工况下结构的变形、应力和支撑的变形、应力情况等。

计算模型如下图所示：

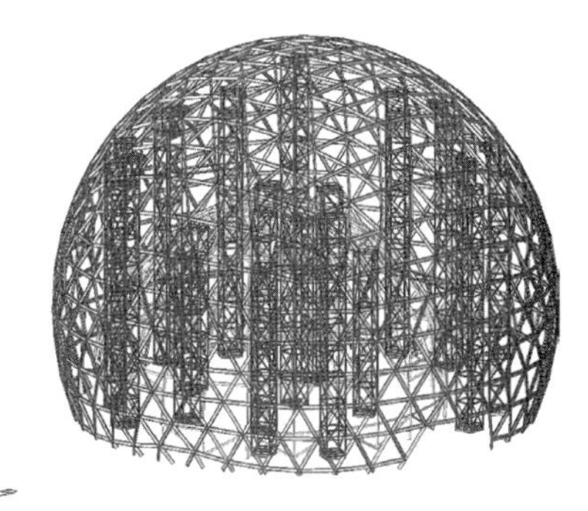

辽宁省科技馆钢结构三维模型（竖向格构柱为现场组装支撑架）

（七）支撑架的卸载

双球体钢结构总重约260t，共采用17个支撑架作为临时支撑，用以网状球体的组装。组装焊接完工后，为使球体自身独力承重，必须及时拆除临时支撑，达到设计要求的受力强度。监理部根据批准的《施工方案》，就卸载工序的关键环节（如应力、应变测试和记录，卸载的同步性控制等）组织施工单位、监测单位、第三方检测/试验单位，召开卸载施工专题会议。明确卸载步骤、各方职责和配合事宜及相关应急措施。由于大量工作为高空作业，从技术层面要求做到整个结构各点之间位移均衡，确保卸载过程中各杆件应力变化始终处于计算限值范围内，且同步位移精度控制在±3mm以内。监理工程师对每组支撑的第一节卸载数据，详细记录在案。遇应力波动较大，及时减缓卸载速率。内、外球钢结构卸载各耗时一天，最终成功卸载。卸载后由专业监理工程师会同第三方检测单位立即对所有关键杆件及焊口进行了探伤复查，无结构缺陷。

三、网架的拼装节点精度管控

（一）外球

反复进行电脑模拟放样、调整、定型。然后按1：1比例，实现如下程序：在安装现场附近地面划出定位基准线→搭设拼装胎架→网架水平弦杆定位→节点安装定位→安装水平弦杆→完成单根水平弦杆的拼装→完成其余弦杆的拼装→安装弦杆间腹杆→完成所有焊接工作，报验。前四道工序为保障精度之重中之重，监理工程师全程监督、验收，焊缝按规定进行检测、验收。

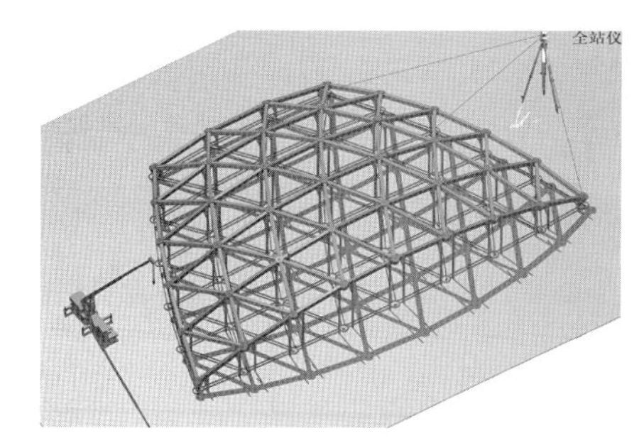

外球叠加拼装三维坐标模拟放线图

三维定位组装胎架，固定外球转接件

外球场外叠加拼装

外球分片吊装现场

（二）内球

内球拼装工作同外球。按1：1比例完成如下程序：在安装现场附近地面划出定位基准线→搭设拼装胎架→主弦杆的拼装定位→拼装单根水平弦杆→拼装其余弦杆→次杆件及腹杆安装→完成所有焊接工作，报验。前三道工序为保障精度之重中之重，监理工程师全程监督、验收；焊缝验收同外球。

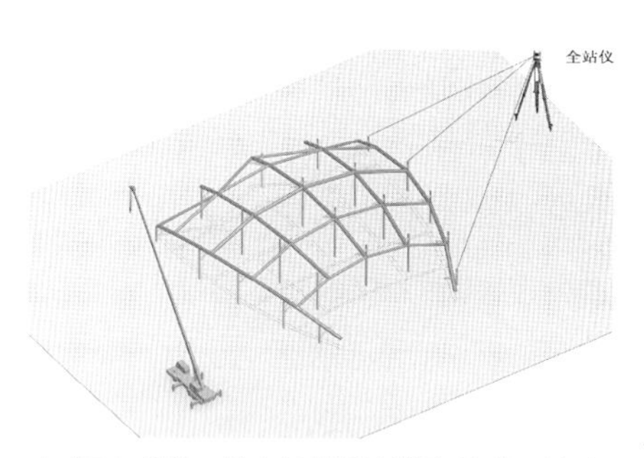

内球叠加拼装三维坐标模拟放线图（网架弦杆）

内球弦杆、腹杆场外叠加拼装

（三）技术要点

1. 以1：1比例在安装现场附近地面划出定位基准线。

2. 根据构件的实际投影尺寸，在地面上划出网架弦杆中心线，外形轮廓线等。

3. 地面线型是网架零部件定位的一个重要基准，通过严格控制划线精度（反复进行电脑模拟放样、调整、定型），确保构件在拼装过程中定位的精确度。

4. 组装钢结构胎架：分别由场外拼装胎架和现场组装支撑架两部分组成。

组装胎架是保证构件制作精度的另一个重要条件，因此，胎架必须有足够的承载力及水平刚度。根据组装工艺图的要求进行胎架竖杆设置，每吊装、固

场外拼装胎架

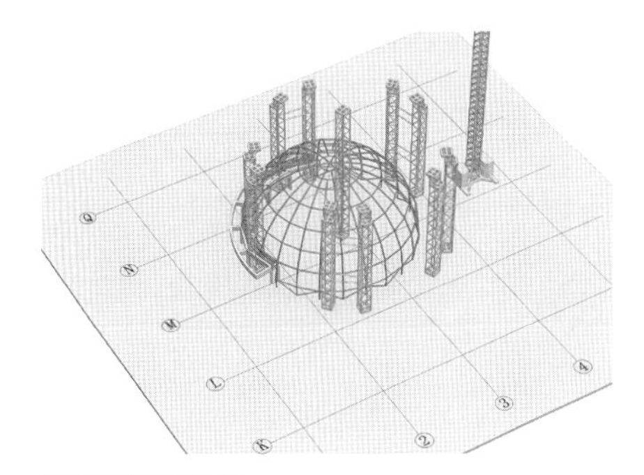
现场组装支撑架

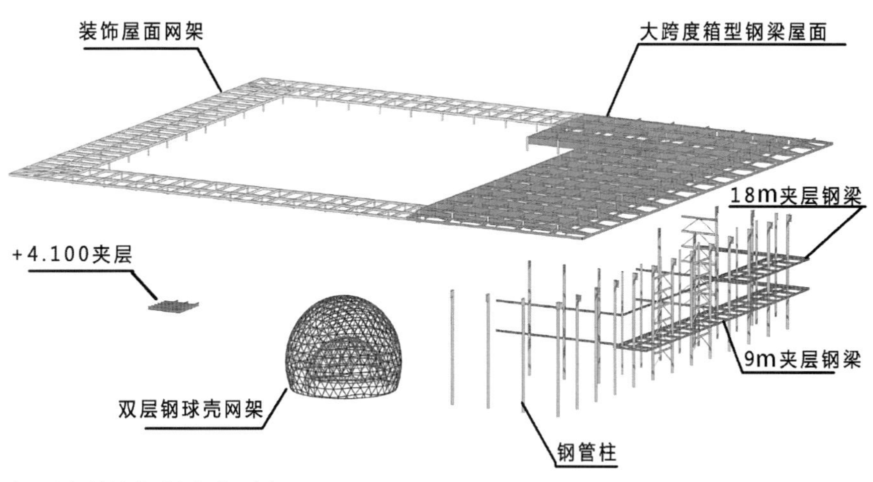

本工程钢结构单元空间位置图

定一根杆件，监理工程师均使用全站仪核验两端节点坐标，及时纠偏。有效避免了因杆件吊装、固定时与胎架碰撞产生的偏差。为确保胎架的组装定位精度在 ±1mm 以内，胎架模板采用数控技术切割下料。胎架安装完毕经施工单位专职质检员检查合格后，报专业监理工程师验收。

5. 弦杆的定位

将拼接完毕经校正合格后的网架弦杆，吊上组装支撑架进行定位。定位前预先划出中心定位线，监理工程师复核后记录、拍照存档。首先吊装球冠部分网片，采用全站仪进行三维空间坐标定位、固定于支撑架上。然后对称吊装其他网片，监理工程师现场校正、固定。

6. 整体焊接、校正

全部构件原位组装结束经三级验收合格后进行满焊。采用 CO_2 药芯焊丝气体保护焊，焊接从中间向两端对称进行。先焊立角焊，再焊平角焊，以减小焊接变形。

7. 完整性验收

经第三方现场检测合格后提交专业监理工程师进行完整性验收。验收时采用地样法及全站仪相结合的方法进行检测，客观、科学地鉴定了整体安装质量情况。

8. 公差要求

对角线：±3mm。

网架弯曲矢高：L/1000mm，且不大于 10mm。

网架扭曲：H/250，且不大于 5mm。

四、本工程难点（即管控亮点）

（一）双层球壳网架深化设计、制作加工难

由于双层球壳均为空间结构，设计院未给出连接节点大样，均由深化设计来完成，且内、外球的不同心也给原位组装增加了很大难度。

解决办法：为保证球幕影院的双层球壳钢结构，在施工过程中结构质量及安全，监理部组织江苏沪宁钢机总部，技术专家及沈阳建筑大学教授级专家，对施工过程中的安全性、可靠性进行了分析计算及模拟。包括结构吊装不同工况对结构的影响，审批吊装道路的加固方案等。全部前置工作均由三维坐标模型来定位，最终顺利完成拼装。

（二）网架节点众多，均要求全熔透焊接；现场焊接量大，影响质量的因素较多

解决办法：施工中充分发挥计算机放样下料技术、数控切割技术、激光全站仪测量技术（本工程启用两台全站仪三维控制定位精度）；为确保焊缝质量，采用多种焊接方式，现场进行同条件焊接试验，对焊缝进行比对，最终确定采用半自动 CO_2 气体保护焊工艺，事后检测结果表明，焊缝合格率达到 100%。

（三）由于内外球支点均为混凝土梁，埋件的安装精度直接影响上部球壳的安装精度；另外，如何对球壳进行合理的分块、现场组装支撑架的布置，也是球壳安装的重点、难点

解决办法：监理工程师会同钢结构施工单位、厂家技术人员，建立电脑模型，按不同吊装方式、不同分块、不同支撑架排列，分别制定九种不同的拼装方

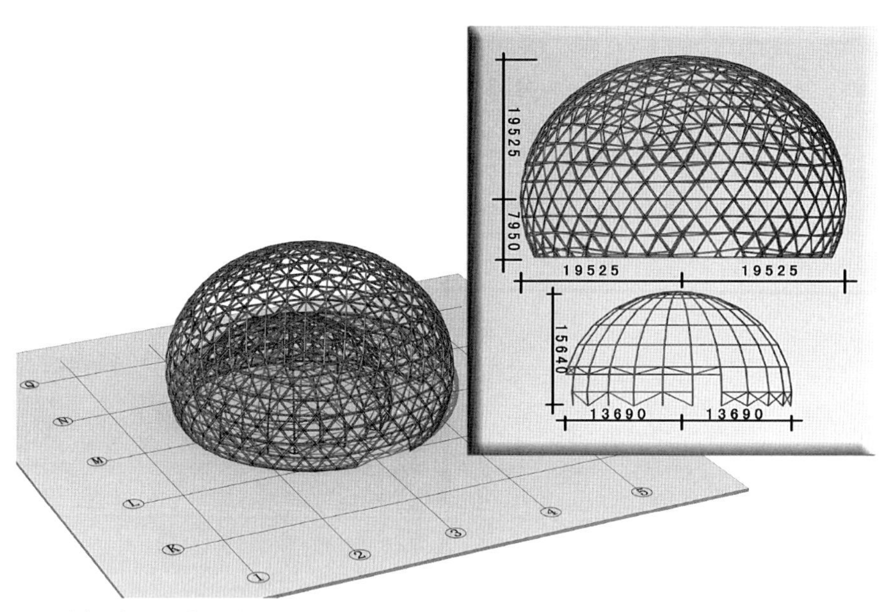

双层球壳网架平面位置图

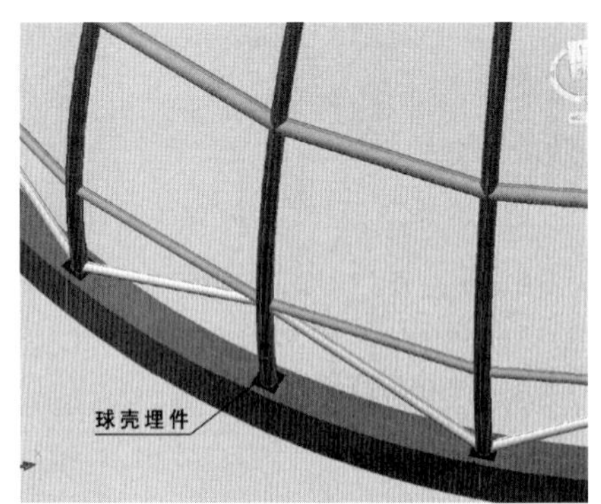

内球钢结构柱脚与预埋件连接示意图

外球杆件与转接件（球鼓）大样图

内球穹顶吊装现场

双球体安装完成效果图

案，综合造价、工期、安全性、质量保障率等因素，九选一并顺利实现预期目标。

五、钢结构现场拼装精度保证措施

（一）严格监督执行批准的施工方案

经反复论证、模型推演形成的获各方会签批准的施工方案，具有极高的实操性、权威性，不得随意更改。本工程实践中，就网架分块大小问题，施工方几次欲更改施工方案，提出内外球分块均增大；减少吊装、拼装次数，虽提高了效率（提前5天且降低吊装成本约2万元），但吊装危险性成倍增加，且由于单块荷载增加，拼装节点应力也成倍放大，应变量随之失控，拼装精度将大打折扣。鉴于此，项目总监毫不犹豫地、态度坚决地说服甲方领导及施工单位负责人，严格执行批准的施工方案，从而保证了单片拼装误差在 ±1mm 内，内外球整体拼装最大误差为 ±3mm。

（二）采取合理的焊接工艺、焊接顺序、减少焊接变形

针对本工程结构特点，制订了详细的焊接工艺及焊接顺序，以控制焊接变形。首先进行节点的焊接试验，并进行试件超声波检测、解剖，根据检测解剖结果来制订相应的焊接工艺规程。采用冶金部建筑研究总院，通过工程实践编制的《T、K、Y 管接头焊缝超声波探伤检测方法及质量分级》方法，制定施工现场构件安装焊接节点焊缝的质量要求和检验评定标准，对所有节点焊缝进行自检。采用 CO_2 气保焊进行焊接，以减少焊接变形。桁架焊接时，均按照先焊中间节点，再向桁架两端节点扩散的焊

接顺序，以避免由于焊接收缩向一端累积而引起的桁架各节点间的尺寸误差。

（三）工序质量管理措施

在拼装过程中，监理人员严格按质量管理条例进行质量跟踪测量检查，对于不合格的工序现场监督整改，合格后方可进入下道工序。对底座预埋件标高及平面定位、桁架节点的空间坐标等关键部位、环节实行旁站监督和复核。

明确检验项目，检验标准、检验方案和检验方法。对保证项目、基本项目和允许偏差项目的检验/检测成果，分别做好原始记录，对缺陷品进行标记，分别堆放，规范处理。

监督现场拼装测量检测仪器质量及有效性。测量工具经二级以上检测单位检测合格，并附有检测公差表，在实际测量过程中，与该公差表一起进行测量换算，以保证测量的正确性、先进性。

六、存在问题及思考

（一）工序质量方面，测量定位精度

计算机模拟球体曲率计算各球鼓节点的空间坐标与实际拼装尺寸存在较大误差（部分节点误差达25mm），导致嵌补构件现场二次加工，虽满足结构要求，终不完美，且拖延工期7天。反思：如能依据计算机模拟值以一定比例先做小样，消除误差后再进行批量加工，则精度更高，质量、工期更有保障。

（二）设计弊病

钢结构球体结构设计未充分考虑后期设备安装的空间、连接方式以及与精装修龙骨的连接方式和界面。导致通风管道截面尺寸变更；与球体连接困难（破坏性连接）；装饰效果受空间制约而打折扣，等等，造成该单体工程工期延误20天左右，且造价有所增加。反思：建筑设计、结构设计以及与之相关的各专业设计应充分沟通。结合BIM技术，找到冲突点，如有条件，按比例制作模型，将问题消化在设计阶段。

（三）管理方面存在的问题

本工程属项目管理含监理。上述弊病也不同程度反映出项目管理/监理内部各专业间、各专业与设计单位沟通协调不到位，考虑不周等问题。反思：在设计阶段，咨询方（监理方）应及时会同设计单位，充分考虑此类问题。如有条件运用BIM技术加以解决，则事半功倍。

浅谈绿色建筑施工监理工作内容和项目实践

上海建科工程咨询有限公司　段海峰　凌虹

摘　要： 本文通过长沙梅溪湖绿方中心的绿色三星及英国建筑研究院环境评估方法（BREEAM）的双认证工作实践，总结概括了绿色建筑施工阶段质量控制策划和过程把控内容，为施工阶段绿色建筑监理实践提供参考。

关键词： 绿色建筑　施工监理工作策划　监理控制要点　绿色施工评价

绿色建筑在我国已开展多年，其符合我国科学发展观，坚持可持续发展的理念。为贯彻执行节约资源和保护环境的基本国策，积极推动绿色建筑的发展，国家相关部门制订了《绿色建筑评价标准》GB/T 50378-2006、《建筑工程绿色施工评价标准》GB/T 50640-2010以及其他配套标准等，为绿色建筑的立项、实施、评价提供依据。

长沙梅溪湖绿方中心项目是长沙市先导区（湘江新区）绿色建筑先行先试示范项目，同时也是由中英优秀设计团队密切配合完成的国际化合作项目，其绿色建筑指标满足国内绿色建筑评价三星标准要求，以及英国建筑研究院环境评估方法（BREEAM）“杰出级”（最高级标准）要求。该项目多个绿建咨询团队为前期绿色设计及施工作了总体策划，监理和施工单位在咨询公司策划及要求的基础上，对各施工阶段绿建管控内容作了详细规划，通过该项目施工过程绿建管控实施及评价，取得了良好的控制效果；为全面开展施工过程绿色建筑监理管控工作，现将有关绿色建筑施工的监理工作内容归纳总结。

一、绿色建筑施工监理工作策划

（一）确定绿色施工工作目标

首先明确绿色建筑的基本目标，我国绿色建筑的评价体系将绿色建筑等级分为一星、二星、三星共三个等级。

其次明确本项目绿色建筑等级中的项数（见表）。

最后明确施工过程各评价阶段绿色施工评价分数目标值（合格分数为70分）。

另外，部分项目采用国外绿色建筑评价体系，如英国BREEAM、美国绿色建筑评估体系（LEED）等，也应分析目标值，必要时与国内标准对比确定。

（二）制定工作流程

应针对项目特点，制定出适用于自身项目的绿色建筑工作流程，且工作流程不与其他工作流程相矛盾并能融入其他工作流程中，应有总流程、评价流程等（见图1、图2）。

（三）建立绿色建筑施工目标保证体系

目标保证体系应包含建设单位、运营

绿色建筑等级的项数要求（公共建筑）　　表

达标项数	一般项（共43项）						优选项
	节地与室外环境	节能与经源利用	节水与水资源利用	节材与材料利用	室内环境	运营管理	
总项数	6	10	6	8	6	7	14
★	3	4	3	5	3	4	
★★	4	6	4	6	4	5	6
★★★	5	8	5	7	5	6	10

单位、设计单位、咨询单位、监理单位、总包单位、分包单位以及供应商等所有参加单位，各单位责任分工明确，各级关系清晰。

监理项目部应有以总监为项目主要负责人的保证体系，根据项目实际情况调整相关人员及分工。

二、绿色建筑施工监理控制要点及措施

（一）管理控制（事前控制）

1. 审核施工单位资质，是否通过ISO 14001环境管理体系认证。

2. 审核施工单位绿色施工管理体系、组织机构和管理制度，是否实施目标管理并落实各级责任人，是否有专人进行协调绿色施工方面的工作，此人级别是否能够影响场地施工活动。

3. 审核施工组织设计及施工方案中专门的绿色施工章节，绿色施工目标明确，内容涵盖“四节一环保”要求。

4. 审核施工单位绿色施工应急救援预案和绿色施工措施费使用计划。

5. 检查施工前是否进行绿色建筑重点内容的专业交底。

6. 检查各施工阶段现场施工标牌中是否有保障绿色施工的相关内容。

7. 检查施工现场主入口、主要临街面有毒有害物品堆放地等醒目位置是否设环境保护标识。

8. 开工条件审查表

开工前除对常规的施工现场质量管理进行检查外，还应对施工方现场绿色施工管理进行检查，当两者同时具备条件时，方同意开工，检查内容制作成开工条件审查表，应包含内容如下：

1）绿色施工管理体系：是否有针对绿色施工的管理体系，是否通过ISO

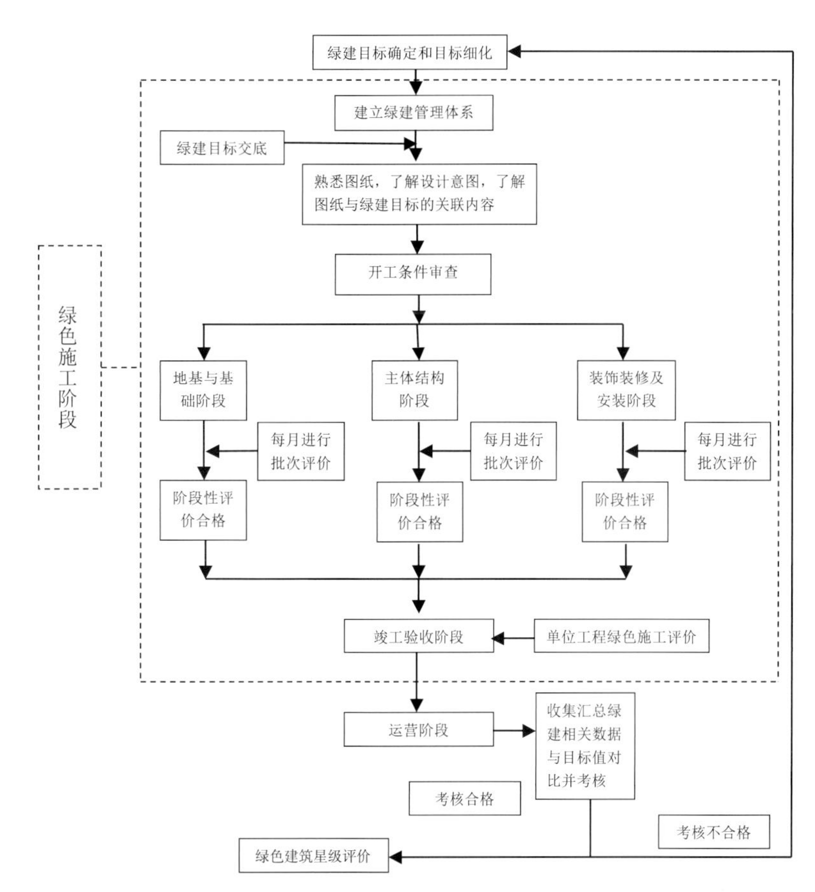

图1　绿色建筑目标实施总流程

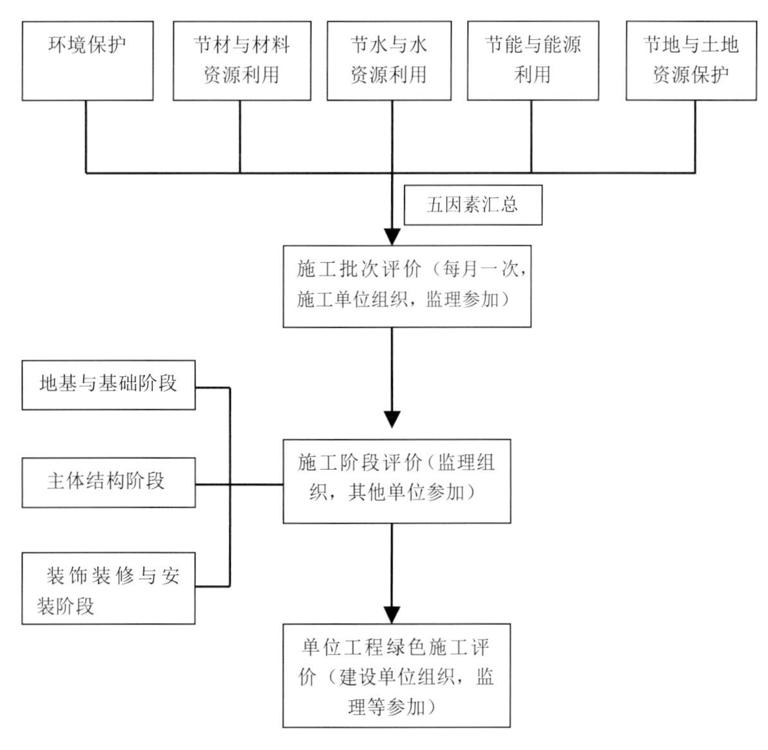

图2　绿色施工评价流程

14001 环境管理体系认证。

2）绿色施工组织机构：是否有针对绿色施工的组织机构。

3）绿色施工管理制度：绿色施工的会议制度、奖罚制度、检查制度等。

4）目标管理：是否有明确的管理目标。

5）岗位责任制：是否有专人协调绿色施工方面的工作且此人具有影响施工活动的级别，是否有绿色施工岗位责任制。

6）绿色施工培训制度：是否有绿色施工培训制度。

7）施工组织设计、方案：施工组织设计及方案是否有绿色施工的内容。

8）应急预案：是否有对环境保护等的应急预案。

9）计量制度及设置：是否有节材、节电、节水等绿色计量制度，是否有相关的计量设施。

10）现场材料、设备存放与管理办法：是否有针对绿色施工的管理办法，是否使用有毒有害物品及相关管理办法。

11）施工标牌：必须要有含绿色施工内容的施工标牌。

12）绿色施工资料采集保存：是否有专人负责，是否有资料采集与保存计划。

（二）过程控制要点（事中控制）

1. 监督施工单位的绿色施工管理体系运行，使绿色施工得到控制。

2. 监督施工单位按照施工组织设计中的绿色施工技术措施和专项施工方案组织施工，及时制止违规施工作业。

3. 施工现场主要施工设备进场前先审核是否符合绿色施工要求，不符合不允许进场施工。鼓励施工单位采用符合绿色施工要求的新材料、新工艺、新技术、新机具进行施工。

4. 定期检查施工方是否建立绿色施工培训制度并有实施记录。（每月检查）

5. 定期检查是否采集和保存过程管理资料、见证资料和自检评价记录等绿色施工资料。（每月检查）

6. 定期检查是否采集反映绿色施工水平的典型图片或影像资料。（每月检查）

7. 施工过程中监理应对绿色施工内容进行巡检和旁站，根据《建筑工程绿色施工评价标准》及《绿色建筑评价标准》中的“四节一环保”内容，结合现场实际情况，整理监理工作的内容，对现场的“四节一环保”进行定期和不定期巡检，对整个施工过程实施动态管理，定期巡视检查施工过程中的绿色施工工序作业情况，对重要绿色施工内容进行旁站。

8. 监理工作例会上，要将绿色施工作为必谈的专题。与会人员共同发现问题，制定整改措施，并要检查整改落实情况。

9. 监理月报中应包含绿色施工的相关内容。

（三）纠偏措施（事后控制）

1. 当绿色施工与计划发生差异时，组织各方分析原因，采取措施，控制局势，以保证绿色施工方案目标的实现。

2. 当绿色施工与计划发生较大差异时，及时组织由建设单位项目负责人、总监及项目经理参加的专题会议，对原因进行讨论，提出整改及纠偏措施，并制订书面整改方案，督促施工单位按方案实施。

3. 总结施工过程中有效的绿色施工监理措施，查找控制不力或不足的环节，提出改进意见。总结经验，吸取教训，把绿色施工监理工作做得更好、更实。

三、绿色施工评价

（一）绿色施工评价时间

根据《建筑工程绿色施工评价标准》GB/T 50640-2010 要求，绿色施工项目自评价次数每月不应少于 1 次，且每阶段不应少于 1 次。在前期，应编制评价计划时间表，确定每月评价的具体时间。

1. 单位工程绿色施工评价应由建设单位组织，项目设计、监理和施工单位参加，评价结果应由建设、监理、施工单位三方签认。

2. 工程施工阶段评价应由监理单位组织，项目建设、设计和施工单位参加，评价结果应由建设、监理、施工单位三方签认。

3. 工程施工批次评价应由施工单位组织，项目建设、设计和监理单位参加，评价结果应由建设、监理、施工单位三方签认。

4. 施工方项目部应会同建设和监理单位根据绿色施工情况，制定改进措施，由项目部实施改进。

5. 评价流程

（二）评价组织的监理工作

1. 由监理组织的阶段评价，应在进行评价日期内主动组织建设单位和施工单位进行检查考核，主动汇总施工批次评价表格，并提供和填写阶段评价表格。

2. 由施工单位和建设单位组织的施工评价，监理应在评价日期前对施工单位或建设单位进行提醒，按时参加各方组织的评价活动，并及时对相关评价表格进行评价签字。

3. 结合本项目实际情况及施工总进度计划，提前制订绿色施工评价计划，根据计划按时进行评价组织工作。

（三）各阶段“四节一环保”检查

施工过程中监理应对现场施工过程中的“四节一环保”进行定期检查和巡视检查，并进行记录，每周组织进行安全文明施工检查的同时进行绿色施工检查，汇总检查的问题，及时通知施工单位进行整改。检查的内容作为月底绿色施工要素评价与绿色施工批次评价的依据。

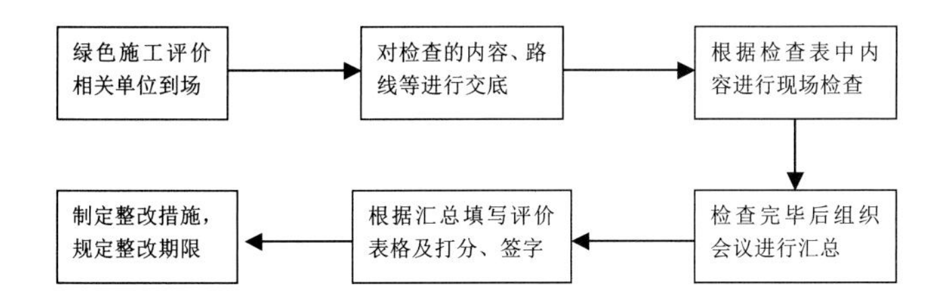

四、绿色建筑施工资料管理

（一）建立绿色材料台账

对报审的材料建立登记台账，台账除有常规内容外，还应有材料的运输距离、是否可循环利用、重量等项，作为绿色材料控制的依据。

（二）绿色建筑施工资料收集

根据建设单位或咨询公司的要求，施工单位需收集及提供绿色施工的材料使用状况及证明等文件，并定时提供给建设单位或咨询公司，监理部要求施工单位将此类资料按照常规资料程序及时上报，在每月的绿色施工评价检查中，对资料进行专项检查。

影像资料是至关重要的施工过程证明资料，因此影像资料的收集工作应是现场工作的重点工作，监理部要求施工单位安排专人负责收集，过程中督促并提醒施工单位的收集工作，在每月的评价检查中对影像资料进行检查，并且监理部应建立独立的影像资料收集工作，根据影像资料收集计划进行收集和归类。专业监理工程师应负责本专业内的资料收集和归类工作，对绿色施工的重要节点等定期或不定期收集影像资料，对资料进行归类后，定期提供给项目资料员，然后转至建设单位或咨询公司。

（三）证明文件

因绿色建筑评价的要求，在施工过程中需提供部分证明文件，如材料的加工和采购距离证明、回收材料的数量证明等，监理单位应发挥驻场职责，督促施工单位提供此部分资料，并配合证明此部分资料。

五、专题会议制度

每月在进行检查评价汇总后组织建设单位、总包单位、分包单位进行绿色专题会议，针对本月的绿色施工中的亮点和问题进行讨论，各方提出改进措施，采纳最优措施方案进行改进。

六、工作总结

竣工验收时对总体绿色施工的评价情况进行总结，并写出监理评估报告及工作总结。

七、跟踪回访

竣工验收后试用期的跟踪调查、评估，以绿色施工过程对建筑运营的影响，以及对绿色建筑评价的作用为主要调查目的，收集绿色建筑目标值的相关数据，评估绿色建筑工程的预期效果，写出最终评估报告，给出绿色施工评价。

八、该项目绿色建筑施工过程监控成果

（一）监理在工程施工中协调及验收情况

长沙梅溪湖绿方中心绿色三星创建过程中，监理部严格按照上述策划、程序、内容进行工作，在过程中对绿色建筑保证体系不断进行调整完善、明确目标值、落实责任人、编制评价计划，避免工作的盲目性，将绿色建筑工作等同于其他分部工程，严格按照规范要求进行检查、评价、验收。考虑到施工方无类似项目经验，帮助施工方进行每月的施工批次评价，共评价了地基与基础阶段、主体结构阶段、装饰装修与安装阶段，共三个阶段，通过过程检查、评价，发现了施工中控制不到位的问题，在每月评价后的专题会上，针对问题进行讨论制订整改方案，最终将各阶段评分控制在目标值以内，顺利通过了单位工程绿色施工评价。

（二）项目取得奖项

本项目经过各方的辛勤工作，已取得诸多成绩；2014 年下半年该项目获得湖南省建筑施工安全质量标准化示范工地。2013 年 11 月获得精瑞科学技术奖“绿色人居金奖”；2013 年 12 月 4 日，英国驻广州总领事摩根先生为该项目颁发了享誉全球的英国建筑研究院环境评估方法 (BREEAM) 的“杰出级”奖项；2015 年 1 月获得绿色三星级绿色建筑设计标识证书。

九、结束语

时代在发展，建筑在创新，“四节一环保”的绿色建筑将会随着科学的发展越来越多。我们监理人员也要不断提高绿色建筑监控能力，在绿色建筑全寿命周期的监控管理中发挥作用，让我们的建筑环境、生活环境蓝天碧水常在。

参考文献：

[1]《绿色建筑评价标准》GB/T 50378–2006
[2]《建筑工程绿色施工评价标准》GB/T 50640–2010

浅谈项目监理部如何履行好建设工程安全生产管理的法定职责

长沙华星建设监理有限公司　赵远贤

关键词： 履行　建设　安全　管理　职责

作为一个多年从事现场监理工作的总监理工程师，为了进一步贯彻新修订的《中华人民共和国生产安全法》，“安全第一、预防为主、综合治理”的方针；落实建设工程各方责任主体单位安全生产责任制；强化安全生产意识；有效预防和控制各类事故的发生；确保在建建设项目的安全生产目标达标，就从房建工程各阶段的安全生产管理的监理工作职责与各位进行探讨。希望有助于有效规避监理单位及监理个人相关法定的责任风险，不当之处，请多多指教！

一、工程施工准备阶段安全生产管理的监理工作

1. 建立健全安全管理的监理工作保障体系

项目监理部应建立和完善安全管理的监理工作保障体系，该体系应建立独立的管理小组或组织机构，组长由总监担任，副组长由专职或兼职的安全管理监理工程师担任，其他成员由各相关专业监理工程师（员）组成，各小组成员的工作范围与职责要明确。

2. 正确识别与评估项目的重大危险源

为了正确识别与评估项目的重大危险源，负责安全管理的监理工程师必须做好以下工作：首先是应深入工地了解施工现场及其周边的地形地貌，了解对本工程建设过程构成一定影响的各种因素。如（1）临近土地上的已建和正在建设的建筑物状况；（2）地上地下已建的各类管线（网）布置情况；（3）周边的道路、树木、植被、人员、车辆流动情况等。第二是组织各专业工程师熟悉设计图纸及其相关文件，重点了解该工程的结构形式、层高、跨度及总高度等。第三是认真组织审查施工单位经技术负责人批准的施工组织设计、各专项施工方案、施工进度计划。重点了解（1）施工阶段施工现场的总平面图的布置情况；（2）采用了哪些建筑机械设备；（3）采用哪种形式的脚手架及支模架；（4）深基坑的开挖及支护形式；（5）施工现场的临时用电管理等情况；（6）施工计划中季节性施工方案、冬雨季施工安全措施。

3. 认真编制项目安全管理的监理工作规划与细则

按新制订的监理规范，安全管理的监理工作要求在监理规划中的一个章节体现，但随着我们安全管理的监理工作职责进一步加强，为满足监管部门的要求，项目监理部需要在正确识别与评估项目重大危险源的基础上，单独

编制工程项目安全管理的监理工作规划。由总监主持，专监和其他人员参与编制，完成后由公司的技术负责人进行专项审批。对专业性强、危险性较大的分部分项工程，评估为有重大危险源的项目，要编制安全管理的监理工作细则与旁站方案，由项目总监批准并实施。

4. 重点审核施工方上报的施工组织设计、安全施工专项方案

项目监理部总监要及时组织专业监理工程师和安全管理的工程师，对施工单位上报的施工组织设计和各种专项方案进行有针对性的审核，重点审查施工组织设计和专项方案的报审程序、企业技术负责人的签字是否完整和有效、是否满足强制性标准和规范条文的要求。特别要审核一些涉及本项目的专业性强、超规模、危险性较大的分部分项工程的专项方案是否按要求进行了专家会审，对存在的问题或不足要形成书面的审核记录，及时返给施工单位进行补充完善。

5. 严格审核施工单位的开工报告

（1）重点审查施工单位的安全保障体系的建立与完善情况。

（2）施工单位是否按照批准的施工组织设计、安全专项方案以及专业性强、危险性较大的分部分项工程安全施工专项方案落实安全措施，对各专项开工条件是否进行了审查与现场验收。

（3）对进场的人员、施工机具的报验，企业资质及管理人员个人资质、特殊工种人员资质条件等情况是否已审查，特别是安全生产许可证是否有效，施工人员、机具是否满足安全生产需要等。

（4）施工现场是否具备进场的条件，施工临时用电是否按方案验收等。

二、施工阶段安全管理的监理工作

1. 主要管理人员履职情况的检查

严格要求施工单位按中标通知书或施工备案合同的要求，配置专职与兼职的安全管理人员和其他管理人员，严格到岗履行自己的职责。同时，监理项目部，每天要根据现场的实际施工情况（节假日施工也不例外），安排专人对施工单位的主要管理人员的到岗情况进行考核，并形成文字记录。对经常不到岗或不严格履行自己职责的管理人员要进行通报批评并责令其改正，对拒不整改的人员，报业主和当地建设行政主管部门。

2. 安全劳保用品的正确佩戴

进入施工现场的所有人员（含外来人员及参建各方的管理人员）必须按项目的安全管理规定打卡或进行专人登记，并正确佩戴好个人的安全劳保用品。

3. 人员的培训

现场的作业人员必须事先通过业主或施工单位内部的安全管理培训，合格后才能上岗。施工单位的安全主管要定期对现场的施工人员进行安全讲座与继续教育的培训工作，项目监理部要认真检查和核实其培训教育记录，必要时可以进行抽查考核。

4. 特殊作业的管控

凡是需要动土、动火、重大设备吊装、机械设备的安装与拆除、进入受限空间、夜晚加班等安全风险较大的施工工序，必须先进行书面申请（作业票制度），须提交安全施工、技术交底或培训等方面的签字记录，特殊工种应持证上岗，人证相符。监理单位要检查，现场确认才能实施。

本人在某微电子装备中心大楼工程（以下简称装备大楼）人工挖孔桩施工监理中，每天作业人员在下井（受限空间）作业前，要施工方填写孔内空气质量检测情况的记录报监理审批。主要目的是，要求施工单位用专门的检测工具对井内隔夜的空气质量进行检测，看是否存在有毒有害的气体，当空气质量不达标时，要用鼓风机对井内空气进行置换，直到符合要求为止。当施工现场的检测条件受限时，可用现场的空压机对井内的空气质量进行置换，置换时间要达到 2 ~ 3 分钟（并由专人负责监督与记录）。

5. 施工现场的安全巡视

（1）项目监理部负责安全管理的监理人员在上班时间必须对工地的安全施工状况进行全方位的巡视，巡视检查每一个施工作业点，尤其要重视孤立人员作业点的状态。巡视时间要与业主、各施工单位的专职安全人员的巡视检查的时间、地点等错开，及时发现安全隐患，尽量缩短可能存在的，施工人员的不安全行为、不安全状态的持续时间，及时终止各类安全隐患过程链的发展。

（2）总监理工程师每天下班前（离开工地前），要对当天的安全施工情况进行梳理，对第二天的安全施工状况要做到心中有数，对重点部位要重点防范，绝不能对安全监控留有死角，下班前要对监理部人员进行安全巡视交底。

（3）施工过程中项目监理部要对已经识别和评估的重大危险源进行动态管理，根据施工进展情况进行重点监控。例如，在对装备大楼工程和某产业园项目监理过程中，对以下的重大危险源进行重点监控：

★人工挖孔桩施工过程的安全管理的监理工作检查

①劳保防护用品与设备、设施的检查

进入施工现场作业人员必须戴好安全帽，佩戴相应劳动保护用品，特别是井下作业人员必须穿好长筒绝缘胶鞋。井口作业人员必须拴好安全带，挂好保险钩，上下孔必须使用软爬梯，现场还必须配置定量的防毒面具。

②安全用电的检查

井底抽水时，原则上应在挖孔作业人员上到地面以后再合闸抽水，抽水完成后立即关掉电源，严禁带电作业。孔内抽水用电设备应采用“一机一闸一保险”，电缆应采用防水功能的橡皮护套。井下作业的照明应采用不大于 12V 的安全电压及 100W 的防水带罩灯泡，电工必须持证上岗。

★深基坑施工过程的安全管理的监理工作检查

①检查基坑支护施工单位及其现场主要管理人员、特殊作业人员的资质是否符合规范要求。

②现场的支护施工是否与设计图纸和审核后的专项方案（含专家论证）的要求一致。

③深基坑施工的临时用电管理是否符合要求，深基坑上下安全通道是否满足现场施工人员在紧急情况下的疏散要求。

④基坑开挖的深度是否与安全支护的深度保持一致。

⑤深基坑应用钢管设置临边防护设施，要求搭设规范、稳固性好，并配备相应的安全标识。

⑥深基坑的变形与位移监测要由第三方有专项资质的单位进行（监测单位应编制监测方案，监测方案需经建设、设计、监理认可后，方可实施），监测频率由基坑的实际变形情况而确定。

★临时用电安全管理的监理工作检查

①电工和用电人员工作时，必须持证上岗且人证相符，并按规定穿戴绝缘防护用品，使用绝缘工具。

②施工现场临时用电设施安装完成后或每台施工机具使用前，必须有专人组织验收合格并完善相应签字以后才能使用。

③配电系统必须实行分级配电，且采用三相五线制的接零保护系统，在采用接地和接零保护方式的同时，必须逐级设置漏电保护装置，实行分级保护，形成完整的保护系统。

④开关箱设置必须实行“一机一闸一漏一箱”的要求，且动力开关箱与照明开关箱要分别设置。各类配电箱、开关箱外观应完整、牢固、防雨、防尘，箱体外表涂安全色标。

⑤施工现场的塔吊、垂直提升装置、超高脚手架和各种高大设施避雷装置是否符合相关要求。

★脚手架、高支模架的搭设施工安全管理的监理工作检查

①检查脚手架钢管的质量合格证、质量检验报告，以及其直径、壁厚、规格、型号是否符合施工组织设计要求，对有严重锈蚀、弯曲、压扁或有裂缝的钢管严禁使用。

②检查扣件的生产许可证、法定检测单位的检测报告和产品质量合格证，并对每批扣件的重量按要求进行抽检，对有裂缝、变形、滑丝及重量不够的扣件严禁使用。

③脚手架、高支模架的搭设是否与审核后的专项方案（含专家论证）的要求一致。

④地基与基础是否硬化，四周是否设置排水沟。

⑤严禁脚手架与支模架混搭。

⑥拆除脚手架、高支模架前，应先向监理提出书面申请，得到审批后才能实施。在拆除时四周应设置围栏和警戒标志，并派专人监护，工作区域严禁非工作人员入内。

★重大危险源的机械设备的安装、运行安全管理的监理工作检查

①在安装、拆卸前审查租赁、拆装单位的营业执照、资质等级。

②在安装、拆卸前审查租赁、拆装单位的特种作业人员上岗证、身份证，必须与实际作业人员相符合，过期证无效。

③督促施工单位在安装、拆卸前组织相关人员认真进行安全交底，以确保在安装过程中严格按照审批后的施工方案进行。

④在塔吊安装、加节、拆卸过程中监理人员要进行全过程旁站，并做好相应的旁站记录。

⑤在塔吊安装、加节、拆卸过程中施工单位要有专人负责现场指挥，在安装区域周围设置警戒区，禁止闲人逗留。

⑥设备安装好以后，租赁方必须提供整机调试检测报告，其中必须注明垂直度、力矩限制器等数据。并必须保证所有限位开关、保险装置齐全、有效、灵敏、可靠。同时要求其技术负责人签字，单位盖章。

⑦建筑起重机械安装完毕后，使用单位应当组织出租、安装、监理等有关单位进行验收，或者委托具有相应资质的检验检测机构进行验收。建筑起重机械经验收合格后方可投入使用，未经验收或者验收不合格的不得使用。

⑧督促施工单位安排维修工每周做好定时、定点的巡检工作，并认真填写巡检记录，监理对其进行核查并签字。

⑨督促施工单位安排租赁单位技术部门每月一次对其所租的设备进行一次全面检查、维修保养。评定机况机貌，并书面报告工地施工单位，转呈监理（报告必须具有租赁单位技术负责人的签字，单位盖章）备查。

（4）要求施工单位的专职安全人员每天上班时提前进入工地，对当天要进行施工的部位进行一次全面检查，主要是检查施工现场隔夜后是否存在潜在的施工安全隐患；下班时最后离开工地，主要是检查当天的安全施工防护设施、临时用电、主要设备的运行状况等是否有受到损坏的情况。如有发生，就要安排专人加班在第二天上班之前进行整改到位，并办理安全状态交接手续。

（5）在每次检查过程中发现的安全隐患，我们要及时在现场制止，并与当事人或施工单位的专职安全员进行沟通，分析出现此类问题的原因及其危害程度。监理人员将根据问题严重性的大小，来作出是否需要下达书面通知单或召开专题会议等决定。对拒不按要求进行整改的要报业主和当地建设行政主管部门，以寻求他们对我们监理工作的支持。

（6）强化事后验收管理。如脚手架和高支模施工搭设、起重设备安装、施工吊篮安装等重大危险源的项目施工完成后，使用单位要组织相关方验收合格（备案）后方能使用。

6. 较大危险源的安全动态监控

对安全风险较大的危险源，监理要定期根据当时的施工现状重新进行评估，看是否与开工前的评估结果一致。否则，须要求施工单位重新编制方案，采取相应的安全防范措施。

7. 定期对工地进行安全检查

监理项目部要定期与不定期地组织对工地进行安全文明施工的大检查，根据检查的情况要及时召开专题会议，并对存在的问题进行深入的剖析，找出存在问题的真正原因，对症下药，要把检查的结果通报各相关单位和责任人。

8. 兑现奖罚承诺

根据检查结果严格按事先制定的安全管理制度的规定进行奖罚，并且奖罚到当事人，这样就对今后现场安全管理工作起到一定的激励与震慑作用，努力杜绝安全隐患与事故的发生。

9. 加强沟通与协调

在监理工作过程中，监理人员就现场安全文明施工管理方面的事情要经常与业主、施工等单位进行沟通与协调，努力创造一个良好和谐的施工氛围。

10. 监理公司加大对项目部安全管理监理工作的检查力度

每个季度，监理公司要安排专人到各项目监理部就安全管理工作方面进行检查，主要从现场资料、人员到岗和在建工程实体几方面来检查，了解和督促项目部监理人员的安全管理的监理工作履职情况。

三、工程竣工验收阶段安全管理的监理工作

1. 安全管理的监理资料整理

在项目施工完成后，项目总监要安排资料员或专职安全管理的监理工程师，对本项目施工过程中所有的安全方面的资料进行整理，装订成册。同时将该资料电子版文档或光盘发放到项目监理部成员，报公司进行保存。无论是成功的还是失败的安全管理经验都要组织学习，以此来提高公司所有监理人员现场的安全生产管理的监理工作水平。

2. 安全管理的监理工作总结

竣工验收后，由项目部总监主持编写安全专监参与的安全管理的监理工作总结。在总结过程中要就本工程的安全管理的监理工作进行客观公正的评价，认真分析在项目执行过程中所存在的问题，找出发生的原因以及在今后工作中可以改进的措施与方法。

四、结束语

以上是本人多年从事现场安全管理的监理工作的一点体会，虽然安全施工与管理具有很大的不确定性，但我觉得每一次事故的发生都有其必然的潜在原因，主要是与人的不安全行为、物的不安全状态、现场安全管理漏洞以及施工环境的改变等方面的危险因素有关。只有在项目建设中，各责任主体都能正确认识，认真履行好各自的安全管理职责，特别是作为我们从事监理工作的人员，还要协调与配合好其他单位的安全管理工作，才有可能把各种潜在的安全隐患与风险消灭在萌芽状态，大大地降低各类安全施工事故的发生。项目监理部才能真正地履行好建设工程安全生产管理的法定职责，有效规避监理单位及监理个人相关法定的责任风险。

美丽乡村建设工程项目管理之我见

安徽祥如建设工程咨询有限公司　洪流

摘　要： 自2014年以来，巢湖市人民政府的美丽乡村建设存在实施项目较多、建设周期长、政府部门缺乏懂技术，会管理的项目管理等现状，从2014年开始在全市推动引进第三方项目管理，保障了美丽乡村建设健康有序进行，本文主要介绍具体的做法以供参考和借鉴。

关键词： 工程概况及存在问题　主要做法

一、工程概况及存在的问题

2014年巢湖市美丽乡村建设投入约4858.45万元，7个乡镇共11个中心村，黄麓镇九疃村563.80万元、西杨村369.75万元、烔炀镇河口张村256.45万元、邬梁村467.85万元、中垾镇埠李村466.00万元、温村271.50万元、夏阁镇大庙新村266.25万元、银屏镇岱山新村711.25万元、散兵镇大胡村547.70万元、项山东西村608.50万元、槐林镇大山朱村329.40万元。我公司于2014年7月7日通过公开招标方式，参与巢湖市2014年美丽乡村工程项目管理，2014年8月18日，双方正式签订项目管理合同，并同时进入实施阶段的全项目管理过程，此工程项目涉及乡镇点多、村庄相距遥远、基础设施差，各乡镇人民政府虽然在组织管理上委派专人现场管理，但由于临时兼职，对工程技术大多不懂，施工队伍技术素质、管理水平参差不齐；加上前期在招标过程中按以往的一事一议模式进行招标，造成一个村庄建设有10个施工单位同时施工的混乱现象。每村的实施内容主要分为基础设施工程（道路、杆线整治，污水管线，雨水沟，村庄绿化，安全饮用水），公共服务设施（健身活动场地、健身器材、文化站、图书馆、便民超市、公共服务中心），环境整治（垃圾处理、污水处理设施、村庄绿化、村庄标识、卫生改厕、沟塘清淤、农房整治、公共厕所、村容美好）等，施工内容繁多，子项目复杂，大部分无具体详细的施工图和详图，就一张各村规划图和草图，唯一能指导施工的就剩下工程量清单，且大部分工程量清单有漏项的、数量与现场实际不符的，就一子项目内容描述也不是很清楚，给施工带来极大的不方便。如污水管网的交桩点，标高点和中心位置与施工周围环境及地质条件的考察也不详细、管网设计不科学，各类检查井、雨水井、三格式化粪池、沉淀池的具体位置和详细做法也不详细，公共厕所的图纸无水、电详图，污水处理设施土建无详图，道路设计无平面图（只有断面做法），具体各村地质土层情况也不一样，总之一个字就是“乱”。

二、主要做法

（一）规范程序、落实各方责任主体

第一步是“查”，首先通过各乡镇中心村的建设情况，一一摸底，了解情况，由政府牵头召开现场会，召集各乡镇的政府分管负责人、各村现场负责人、施工单位项目经理、现场监理单位负责人、村民代表、村委干部等相关人员的动员会，明确各自责任和具体工作要求。一查建设单位乡镇在招标过程中是否按市政府及招投标建设程序中的公开、公正、公平的原则，所中标的施工单位是否合法、合理，有无违规、违法建设程序的违规操作；二查施工单位是否符合招标文件要求的资质和技术力量，有无转包现象，主要技术人员是否是本公司的人员，项目经理的诚信履约情况；三查施工单位质量保证体系和现场技术人员的技术能力及班组的配备，具体施工方案（施工组织设计是否符合建设项目要求和合同要求）；四查现场监理单位总监负责人及人员到岗情况和工作责任制落实情况。

第二步是“看”，看现场、看规划设计、看工程量清单、看关键节点的做法、看施工进度计划安排、看人员配备及材料进场情况。看现场，主要查看施工单位在村中建设过程中平面布置，今天干什么、明天干什么，现场布置是否合理、科学、安全，对下一步工作及其他工序是否有无影响和可能出现的问题及相应预案，对应措施。如管网施工单位与道路施工单位在具体实施过程中是否按“先地下，后地上”的施工程序进行、房建基槽开挖的临边安全围挡是否到位、污水处理设施深基坑开挖是否有专项施工方案等。看规划设计，是否与施工单位实施的一样，是否按图施工，在遇到变更和原规划设计不一样的情况下是否办理变更和情况说明及相关手续。看工程量清单，主要对每一项子项的现场实际量是否超过工程清单的量，如有超出须提前报告建设单位及设计单位并办理相关文字手续，严格控制实际量超出工程量清单量，要求每周施工单位统计各子项的完成情况，便于掌控工程量清单的超出，对子项描述的内容是否按要求实施。如检查井井底要垫砂或污水管网须垫砂的是否在施工中进行垫砂处理。看关键节点的做法，主要看污水管网沟槽开挖的底标高与规划设计的标高是否对应、排水能否满足流畅要求、管网接头是否按规范要求处理、回填是否压实、检查井砖砌及井室内粉是否按图集实施、污水处理设施的钢筋混凝土结构是否按图施工，各进、出水口标高是否满足工艺要求、公共服务中心房建基槽开挖验槽是否有五方责任主体到现场验收、钢筋绑扎及浇筑混凝土是否符合规范要求，防水、保温处理是否按规范要求去作、桩基是否经第三方检测合格、有无桩基检测合格报告等。看施工进度计划安排，是否满足合同工期要求、是否与其他施工单位交叉、若交叉是否协调统筹。看人员配备，是否按合同承诺上的要求到岗履职。看材料进场，是否符合工程量清单要求及产品合格证和检测报告。

第三步是“问”，一问建设单位现场负责人的近期工作安排和实施过程中是否有什么问题；二问施工单位现场施工过程中出现的协调问题和技术问题；三问现场监理单位对正在施工的质量如何控制和处理；四问村干部和村民在具体实施过程中他们的建议和疑问。

（二）强化监督检查力度，确保项目建设质量

加强对美丽乡村建设项目质量、安全的监督检查，是确保项目质量、安全的关键环节，也是涉及民生工程及群众的切身利益和政府形象。

充分发挥项目管理的综合素质和个人技术实践的作用，每周利用三天时间对全市7个乡镇，11个中心村进行巡查，采取不打招呼，全线、全村、全面地巡查，不留死角，将在现场中发现的质量问题和安全隐患及时下整改通知单，让建设单位、施工单位、监理单位、村民代表四方签字，交于各方责任主体。对问题严重的，可能影响整体和出现隐患的，通过政府美办下督办函并附现场照片的形式，直接由政府的名义直接下发到各乡镇人民政府，由各乡镇人民政府全面督促相关单位立即整改，并在相应的时间内回复给市政府。另对某个阶段完成后，进入下个阶段实施前，以工程项目管理的责任心和对事物的前瞻性进行提示单的下发（通过政府一一下发给各乡镇）起到了一个预警作用，这个方法在2014年12月11日市政府关于美丽乡村建设专题汇报会上受到

市领导的肯定和赞许，认为引入第三方项目管理在发现问题上给建设单位及市政府一个提前预警时间，知道下一步有哪些质量问题会出现及如何解决，建设管理更加规范有序。每个星期一将上周的11个美丽乡村的建设情况及下一步注意的细节以周报的形式上报市政府美办；每月出月报交市政府分管负责人及农委、美办各一份；再由市政府及美办按月给各乡镇发工作简报。另针对个别乡镇在具体推进过程中的迟缓现象，专门召开专题会议在乡镇进行解剖分析并重新调整工作思路，对迟缓的乡村就多跑几趟，现场指挥和提出合理的、可行的技术方案和具体思路。如2014年在中埠镇埠李村村北道路施工中，监理发现原断面设计只有水稳和混凝土，路基处理没有。而现场情况是农田土层持力层较弱，在前部浇筑好的混凝土路面上出现了断板现象，针对上述问题监理建议建设单位在原农田上先开挖后碾压并增加一层30cm厚片石垫层，并同时增加农户过路管涵以便道路两边及时排水，建议建设单位给予了采纳，经省、市验收组验收，道路无一处断板和开裂现象。散兵镇东西项山村村前道路一边是农田一边是水塘，且距农田的标高落差较大（达2m）为安全起见，监理建议在临近农田边砌挡墙，以防行人和小孩坠入。中埠镇温村公共服务中心二层民用建筑，建筑面积371.58m^2，基础采用的是水泥搅拌桩共204根，当时建设单位、施工单位不愿意作桩基检测，认为房子面积不大，没有必要，监理坚持必须作桩基检测试验，否则不允许进入下道工序，并向政府部门汇报此事，解析桩基检测的严肃性和科学性及程序性，并向中埠镇人民政府当面解释作检测的必要性和重要性，使其理解建筑工程的强制性要求和科学道理，中埠镇人民政府积极采纳了监理的建议作了桩基检测并合格后再进入下道工序施工。在验收环节组织相关单位先进行预验收，将存在的缺陷和问题及时下发会议纪要，要求限时整改到位，在具体验收时先核对已完成的工程数量是增加还是减少、哪些未完成、哪些是变更的（如变更的有无变更设计说明和经济签证）经济签证附件有无影像资料和测量资料、污水处理设施是否正常运行及污水排放是否达到Ⅰ级B类排放标准，有无环保部门出具的污水检测报告和现场取样照片等。通过此类关键节点和重要部位的控制，强化了项目管理力度，确保了项目的正常运行，发挥其应有的经济、社会、绿色环境效益。

三、小结

美丽乡村建设是重大的民生工程，建设和受益主体均为村民，村民的满意度是检验工程的标准之一。在2014年度全市7个乡镇11个中心村的村民满意度调查中，广大村民对这一工程给予了极高的评价，在省、市电视台及各类报刊上都有报道，上述11个中心村建设工程受到省验收综合组的随机抽查验收3个中心村，省验收组专家和领导给予了充分肯定，2015年全市7个乡镇11个中心村项目管理第三方也是我公司中标，这是市政府及广大中心村村民对我公司在2014年美丽乡村建设工程项目管理的成功的最好评价。本人在2014年及2015年被市美办个人信用评价记录中被评为优秀，虽然取得一点成绩，但繁杂的项目管理和精细化的深入，使我感到自身压力的增大，只有不断探索和学习才能在这一领域有所作为。我愿美丽乡村建设项目管理的尝试能为同行的实践作铺路石。

剧院建设的几点思考

德州建设项目管理有限公司　孙有森

摘　要： 本文从某剧院概况入手，介绍了项目的特点，针对剧院建设中遇到一些共性的问题，从技术，管理和其他三方面，进行了归纳和总结，并对在项目建设中所做的一些应对措施的尝试进行介绍。

关键词： 剧院建设　施工技术　协调管理

某大剧院 2013 年竣工，至今已经运行两年有余，达到了预期目标，取得了良好的社会效益。下面我将大剧院的工作从技术和管理层面作一下阐述。

一、工程概况

该大剧院的建设定位是：省内领先的综合性剧院，集歌舞剧、戏剧、交响乐、文化艺术交流等多功能为一体的大型文化设施。建筑面积 3.92 万 m^2，主体高度 26m，局部最高 39.3m；按功能分为三部分：一是演艺部分，包括 1500 座的歌剧院、600 座的多功能可变剧场、150 座的影像报告厅以及 1300m^2 的化妆间（20 套，其中 VIP 化妆间 5 套）；二是配套部分，包括歌剧院的两套贵宾接待室和随员休息室、多功能可变剧场的 1 套贵宾接待室、4 个排练厅（分别满足乐队、合唱、芭蕾舞等排练需求）以及售票厅、商店等；三是办公部分，包括约 4000m^2 的办公室和 3 个小型会议室，设备机房等设施。

二、技术层面

（一）施工测量放线难度非常大

本工程设计构思是：流动的音符，张开的帷幕，绽放的浪花。所以，外形艺术性较强，其轴线网如图 1；平面放线时，全站仪需要不断校核各点，光永久控制点就设定了五个，工作量巨大。再者，剧院是功能性建筑，层高各不相同，更增加了放线的难度。

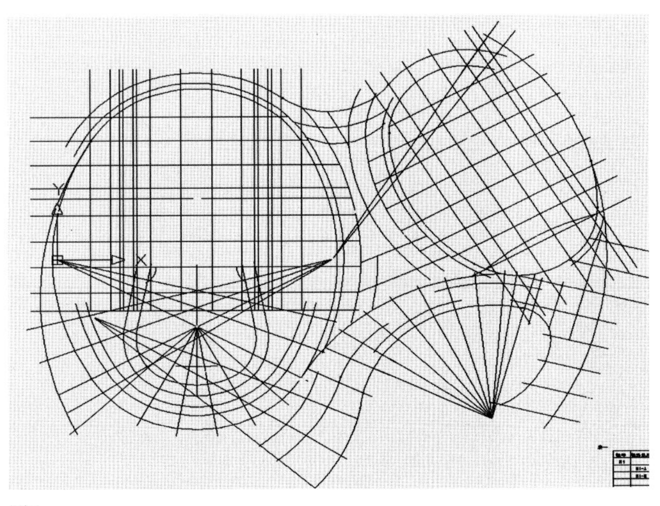

图1

应对措施：

1. 首先在看透图纸上下工夫，一遍一遍不断地看、单一看、综合看，并和不同专业讨论；另外，借助 CAD 的三维模式，直观地将不同标高显示出来，给读图带来帮助。

2. 除用全站仪进行交点定位外，在轴线肩部、拐角及平滑连接处用坐标定位插件，进行坐标定位，大大提高了定位精度。

（二）风帆造型的特异性要求高

设计院给的风帆模型是犀牛模，定位和加工不便；40 榀没有相同的两榀，钢骨架加工、相贯线加工全部数字化；另外，风帆蒙板光滑度要求高，要求三维定位。

应对措施：

1. 把所有犀牛模全部转化成 CAD 三维模（图 2），并征得设计院确认。

2. 由于构建最长的达 40m，国内没有这么大的操作台，把主立柱分成若干节，留好相贯线，然后进行焊接。

3. 为了使蒙板平滑，一方面把次龙骨及挂件设计成三维可调整；另一方面，蒙板每一块都数字化，在数控机床加工；再者，主龙骨施工时，标出子午线；最后，主龙骨用 CAD 三维俯视图，做出反光片定位点。

（三）危险性较大工程项目多

剧院项目有本市最深的基坑，开挖深度 16.9m；采用异性钢结构吊装，最重达 92t；还有最高达 17.2m 的高支模。

应对措施：

1. 由施工单位组织好专家论证，聘请不同专业的技术人员，在科学计算的基础上论证和模拟。而且论证时，充分考虑现场实际情况。

2. 对深基坑，作好降水至关重要，备好发电机，以备不时之需；开挖后，要加大观测和巡视频率，在受力较大部位提前作好支撑。

3. 对大型吊装，采用导钩技术，整体吊装到位，虽然台班费高，但能保证质量安全（图 3）。

4. 除作好顶板支护外，对于计算参数按现场实际情况进行调整，运用不同计算软件核查。如大家都知道钢管脚手架的钢管要求壁厚 3.5mm，而目前市场上钢管壁厚大多是 2.5mm，在这种情况下，一定要实事求是，用 2.5mm 进行计算，确保安全。

（四）装饰的实验性强

开孔石膏（可耐福）板吊顶、红洞石室内幕墙、圣罗兰灰地面、灯芯绒石材外幕墙，这些都是设计师在其他项目上使用很少，在全国还没有大面积成功使用的先例的情况下使用的。

应对措施：

1. 做出 3DMAX 效果图，给出不同环境下的灯光效果。

2. 样板开路，并且同一材料，在不同施工部位，采用不同施工方法，选择不同样板。

3. 进行考察调研，听取施工人员意见，作到取长补短。

4. 充分和设计师沟通，深刻了解设计师所想要达到的效果。

（五）工程声学要求高

本工程有三部分对声的要求较专业，1500 人大剧场、600 人小剧场和 150 人报告厅，混响时间要求 1.6s。

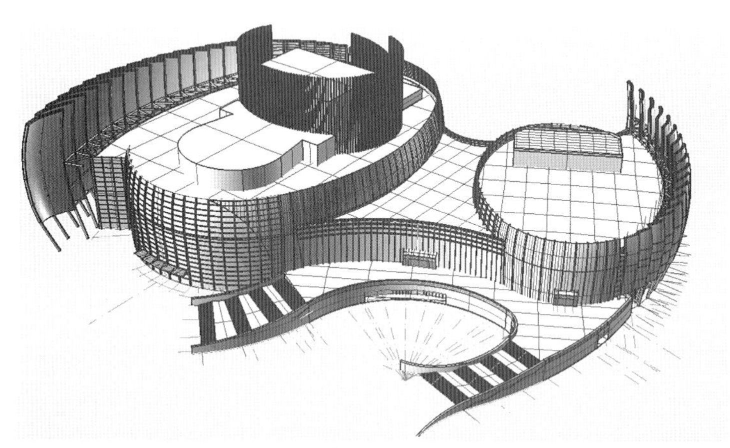

图2

图3

应对措施：

1. 由专业声学设计团队做好声学设计，提前做好参谋。

2. 对靠近相关空间的设备间进行隔声降噪处理；如大剧场后台侧面的空调机房，地面用浮筑地面做法处理，有效隔绝设备震动产生的噪声；墙面用开空吸音板，吸收部分噪声；顶棚用吸声喷涂；门采用防火隔声门，有效防止噪声外传。

3. 对声学空间的装饰材料比重进行控制，避免产生共振。如大剧场的顶棚和墙面用 GRG 装饰板，比重要求不低于 $50kg/m^2$，这一要求需经过结构设计单位的确认。

4. 对声学空间装饰材料表面进行处理，避免产生声场不均匀现象。如在空间允许的情况下，顶棚设计成分级形式，墙面设计出凹凸样式，表面进行颗粒喷涂，造出声音漫反射，从而避免声波叠加或削弱。

（六）防水施工难度大

该工程防水难度大的主要有两部分：一是地下室，地下室共 3 层，而且是坑中坑，主舞台坑 -15.4m 和侧台坑 -8.5m，最深坑到 -16.9m；二是屋面，不同材质用途屋面交叉，平台屋面和剧场进出口结构上有高低差。

应对措施：

1. 地下室防水是冬季施工，选材用 -20℃ SBS 防水材料，并监督好每一个施工细节。

2. 地下室防水保护层冬季施工很难保证质量，用压缩混凝土板替代，既加快了施工速度，又保证了质量，但是工人要提前培训。

3. 主舞台地下室侧墙施工空间狭小，回填时用素混凝土替代灰土。

4. 钢结构屋面和混凝土屋面交界处，用开槽压茬外，采用保温层覆盖也取得不错的效果。另外，就是做好伸缩缝的防水和遮挡。

5. 对坡道和门口有高低差的交接屋面，先在地处混凝土顶板开浅槽，清理干净，灌注聚氨酯防水或涂刷三遍，然后用自黏型 SBS 防水卷材进行黏接处理，取得满意效果。

三、管理层面

（一）协调工作量大

主要参建单位有建设单位、总包单位、设计单位、勘察单位、监理单位、咨询单位、舞台专业、灯光专业、音响专业、幕墙专业、另外，还有装饰等 14 家分包单位，共 26 家。

这么多的施工单位，现场采取分级管理、统一开会的措施；特别是工程后期，天天开会，事务性协调较好，但技术性协调效果较差。

（二）好的项目文化建立难度大

由于工程专业性强，队伍来自全国各地，素质和能力不一；加之业主单位人员少，特别是在资金不到位、工期又紧的情况下，整个项目的紧张气氛较浓。

解决办法只能是建立严厉甚至是严苛的制度，奖勤罚懒，树立项目利益高于一切的意识。

（三）专业队伍和专业人员少

钢结构外观艺术性、舞台机械、灯光、音响专业是剧场必备的专业，也是国内稀缺专业，专业企业更少，其中还夹杂着品牌限制，往往是抬头不见低头见，前一个剧场在一起施工，这一个剧场又碰在一起。

作为建设单位，遇到这种情况一是要咨询、聘请专家，认真搞好专业设计，按设计要求；二是要趋利避害，如果两个或多个单位曾经合作过，好处是同样的错误可以避免再犯，减少建设单位的协调量，不利方面是两家营私舞弊，建设单位有被架空的风险；三要严格执行合同，按合同规定的质量、工期、品牌等条款执行，这也是弥补专业不足的较为有效的办法。

四、其他

1. 工程招投标时，一定找有经验的代理机构，以便选择适合的队伍；合同订立时，特殊条款一定咨询相关专家，弄清楚问明白，避免不必要的纠纷。选择好的队伍，是项目成功的一半。

2. 采用创新工作方式方法，如影像资料辅助工作法；打桩旁站采用表格法；在督促进度方面，使用人数清点公布法；问题统计汇总；限期销项法。

3. 装饰和声学等各专业的配合很重要，对装饰材料的材质、形状、颜色、纹理、质感有了新的认识。

4. 临阵不能换帅在项目的实施期间十分重要，项目经理更换、总包单位主管领导更换，给项目带来一定影响。

回顾整个项目施工过程，在各参建单位配合下，顺利完成了最初目标，篇幅有限，略作归纳，使其对今后工作有所裨益。

参考文献：

[1] 王铮，单踊.当代国内剧场建筑发展的两重趋势[J].山西建筑.
[2] 徐奇.国内、外舞台机械的发展状况[J].艺术科技.
[3] 卢向东.德国品字形舞台剧场传入我国的历史概述[J].艺术科技.
[4] 黎修.《剧场工程与舞台机械》[J].演艺设备与科技.
[5] 段慧文.剧场建设项目前期舞台机械的专业咨询工作[J].演艺设备与科技.
[6] 穆怀恂.简论我国剧场建设的科学定位与发展[J].演艺科技.

高性能混凝土施工中的监理控制浅析

中国水利水电建设工程咨询北京有限公司　朱家林　侯战鹏　杜锴

摘　要： 大岗山水电站泄洪洞混凝土为添加硅粉的高性能混凝土，有较高的抗冲、耐磨性能。监理工程师通过规范开仓程序与过程控制，采用严格的质量管理手段和工序控制收单，通过采取纠偏措施，使泄洪洞硅粉混凝土质量控制取得了较好的成果。文中重点针对泄洪洞边墙和底板混凝土的施工监理控制展开阐述，其工艺控制方法值得后续同类工程借鉴。

关键词： 监理　施工质量　硅粉混凝土　大岗山水电站

一、工程概况

大岗山水电站坝址位于四川省大渡河中游上段雅安市石棉县挖角乡境内。水库正常蓄水位1130.00m，1120.00m水库长度约32.1km，正常蓄水位以下库容约7.42亿m^3，调节库容1.17亿m^3，具有日调节能力。电站枢纽主要由拦河混凝土双曲拱坝、泄洪消能建筑物、引水发电建筑物等组成，最大坝高210.00m，电站装机容量2600MW（4×650MW），额定水头160.0m，保证出力636MW，年发电量114.30亿kWh。

大岗山水电站泄洪洞布置在大渡河右岸，主要包括进水口、洞身段、出口段及下游防护工程。

泄洪洞进水口闸室尺寸为38.5m×27.0m×21.0m（长×宽×高）。堰面曲线下游在高程1106.77m处与30°斜坡相接，斜坡后接半径为50.0m的反弧，后接无压泄洪洞，起点底高程为1098.32m。无压隧洞段采用一坡到底的形式，洞长1077.50m，纵坡为i=0.1039。无压洞断面形式为圆拱直墙型，净空断面尺寸为14.00m ~ 16.00m×18.00m ~ 21.00m（宽×高）。

混凝土允许最高温度表　　表1

工程部位		桩号（m）	结构部位	混凝土等级	允许最高温度（单位：℃）
进水口		0–034.000 ~ 0+000.000	流道表面	$C_{90}50$	36
			闸室堰及其他	C25	32
工作闸室段洞身无压段上平段（城门洞型）		0+000.000 ~ 0+120.000	底板、边墙	$C_{90}50$	36
			顶拱	C25	32
		0+120.000 ~ 1+037.710	底板、边墙	$C_{90}50$	34
			顶拱	C25	32
		1+037.710 ~ 1+075.500	底板、边墙	$C_{90}50$	36
			顶拱	C25	32
出水口	出口过流面	1+075.500 ~ 1+143.460	出口流道表面	$C_{90}50$	36
	过流面基础	1+075.500 ~ 1+143.460	出口基础	C20	32

二、监理组织机构及质量控制

大岗山水电站泄洪洞主体工程监理由中国水利水电建设工程咨询北京有限公司（以下简称北京公司）承担。北京公司大岗山监理中心实行总监理工程师负责制，组织结构主要分为两层，即管理层、项目监理层和职能组。管理层分总监和副总监；项目监理层包括引水、厂房、尾水、泄洪洞、金结安装和安全监测项目监理组；职能组包括质量技术部、合同部、测量部、试验组和安全部。

为加强大岗山水电站主体工程质量管理工作，监理中心成立了“大岗山水电站工程技术质量管理委员会”，总监理工程师为质量管理第一责任人，项目监理工程师为现场施工质量责任人。为满足现场施工质量控制需要，技术质量部全程参与质量控制工作。

质量技术部的主要工作职责为：组织建立、健全监理中心质量保证体系；对单元工程评定和施工质量进行考核；组织开展质量专题会，定期提交工程质量监理报告；开展日常质量工作巡视；对监理工序验收和监理工作质量进行检查、考核；参与技术方案审核和做好技术服务工作。

针对泄洪洞硅粉混凝土施工，监理中心组织成立了“硅粉混凝土施工质量QC小组”，对硅粉混凝土施工过程中存在的问题及时予以解决。

三、硅粉混凝土技术要求

（一）硅粉及硅粉混凝土特性

硅粉是在冶炼工业硅或含硅合金时由高纯度的石英与焦炭在高温电弧炉（2000℃）中发生还原反应而产生的工业尘埃，并通过专用装置收集后而得。其掺入混凝土后，不仅能够减少环境污染，还能改善混凝土的性能，其 SiO_2 含量越高、颗粒越细，对混凝土的改性效果越好。在混凝土中加入硅粉后，由于硅粉的微填料效应，硅粉自身吸水率大，新拌混凝土的泌水量大大减少，且硅粉混凝土早期水化反应加快，早期强度提高，弹性模量增大，而徐变和应力松弛减小。因此，硅粉混凝土发生塑性开裂和出现早期（28d）收缩裂缝的机会较普通混凝土大大增加，且随硅粉掺量的增大而增大，后期因硅粉混凝土孔隙小、结构致密、水分迁移困难、体积变化趋势相对平缓，其收缩量与普通混凝土相近或减小。

掺加硅粉的混凝土不仅出现裂缝的时间提前，而且裂缝贯穿整个混凝土表面所需的时间缩短，最终裂缝的条数、长度、宽度增加。例如，硅粉混凝土水分蒸发速度达 $0.5Kg/m^2/h$ 以上时，极有可能发生塑性开裂，而普通混凝土这一限值可达 $1.0Kg/m^2/h$。掺加硅粉的混凝土，7d 龄期的干缩值为普通混凝土的 2 倍左右，且占全部干缩值的 30%~45%。因此，在高气温、低湿度和高风速的情况下浇筑硅粉混凝土，应特别注意防范混凝土产生塑性开裂和早期收缩。

（二）硅粉混凝土设计技术要求

1. 硅粉混凝土性能指标

硅粉混凝土指标：$C_{90}50W6F100$，混凝土 28d 龄期极限拉伸值不小于 0.85×10^{-4}。

2. 最高温度指标

混凝土最高温度控制应满足表 1 的要求。

3. 冷却通水和养护标准

（1）边墙衬砌混凝土布置一层冷却水管，垂直间距 1.0m；底板部位冷却水管水平间距 1.0m；进出口大体积混凝土部位冷却水管按照 1.5m × 1.5m（水平 × 垂直）间距布置。通水温度≤ 18℃，通水 7 天，同时应控制降温阶段混凝土最大日降温速率≤ 1.0℃ / 天。

冷却水管采用 HDPE 塑料管，内径为 28.00mm，壁厚 2.00mm。水管长度 300m 以内，冷却水流量宜为 25 ~

30L/min，通水 24h 后换向。

（2）抗冲磨混凝土底板表面采用流水养护，边顶拱表面采用淋水养护，连续养护时间不低于 28 天。

四、监理控制目标

（一）质量控制目标

泄洪洞工程合同质量标准为优良工程，单元工程优良率不低于 90%；硅粉混凝土裂缝数量要远低于同类工程，打造泄洪工程行业标杆。

（二）质量控制标准

泄洪洞硅粉混凝土为二级配 C_{90}50W6F100 混凝土，主要控制标准见表 2。

硅粉混凝土主要控制标准　　表2

序号	控制项目	控制标准
1	出机口温度	≤14℃
2	坍落度	出机口14~16cm（常态）、18~20cm(泵送)
3	浇筑温度	≤18℃
4	通水温度	≤18℃
5	最高温升	≤36/34℃
6	不平整度	＜5mm

五、监理控制措施

（一）规范开仓程序和过程控制程序

在泄洪洞混凝土的准备阶段，监理中心根据泄洪洞混凝土的特性，结合建设单位管理规定，编制了《泄洪洞硅粉混凝土监理实施细则》和《泄洪洞混凝土质量考评办法》，同时督促承包人编制了《泄洪洞硅粉混凝土工艺标准化手册》。将质量精细化管理运用到事前控制、事中控制、事后控制及各施工工序的验收之中，对泄洪洞混凝土实现全方位、全过程的精细化管理。依据设计技术要求、施工规范和合同技术条款等，对混凝土工程各环节的申报程序与内容、施工质量过程控制、施工质量检查标准等提出了具体要求。

（二）过程质量控制

1. 工艺试验控制

泄洪洞工程底板和边墙施工均开展了工艺试验。边墙混凝土浇筑工艺试验选用两个位置进行工艺试验：a. 在 0+00~0+09 段边墙，采用小钢模浇筑第一层，浇筑高度 3m，混凝土采用罐车运输、泵送入仓；b.1+018~1+009 段边墙，采用钢模台车进行浇筑，浇筑高度 14m，混凝土采用罐车运输、钢模台车自提升系统入仓；底板混凝土工艺试验选在 0+00~0+025 段，共进行了三仓工艺试验，混凝土采用罐车运输、布料机入仓。

工艺试验对混凝土拌和物和浇筑过程控制重点如下：

（1）拌和物控制采用全程监控，出机口温度、浇筑温度、坍落度均采用每 2 小时一次的加密检测方式进行检测，浇筑过程中测定坍落度损失和温度回升情况，并观察拌和物的和易性。

（2）边墙工艺试验主要监控混凝土入仓是否顺利，平仓、振捣是否规范；浇筑胚层厚度严禁超过 50cm，过程振捣规范并及时复振，从而有效控制气泡。

（3）底板工艺试验监理全程旁站，重点监控混凝土拌和物的和易性，因为洞身坡度较大，拌和物和易性直接影响收面质量。收面过程全程监控，采用 2.5m 靠尺结合收面轨进行人工整平，然后采用磨光机磨光，最后人工精平，确保底板混凝土面“实、平、光”。

（4）浇筑完成后重点监控流水养护和通水冷却情况。与承包人联合进行混凝土内部温度、进水流量、温度等数据检测，及时进行数据分析，根据温度上升和下降情况及时调整通水流量，在混凝土温度上升期间大流量通水及时削峰，达到最高温升后及时调整通水量控制降温速率，以达到控制目标。

2. 正常浇筑控制

（1）全程监控拌和物质量。试验监理工程师在拌和全过程监控出机口温度和坍落度，每 4 小时一次。另外观察混凝土和易性，依据砂石含水率及时调整施工配合比，根据骨料预冷温度及时调整加冰量，保证出机口温度和坍落度满足设计要求。

（2）混凝土浇筑过程全程旁站。及时测定温度回升情况和坍落度损失情况，对于不符合要求的拌和物严禁入仓；及时检测混凝土入仓和浇筑温度，及时督促承包人进行层面覆盖，减少热交换时间；督促作业人员规范振捣并及时复振，确保气泡及时排出，避免形成质量缺陷；按照工艺试验掌握的时间参数及时、有序进行收面施工。

（3）监控养护及温控。混凝土浇筑完成后及时督促承包人进行流水养护并保证每天巡查不少于两次（早晚各一次），发现养护不规范或流水花管堵塞情况及时督促承包人进行整改。监控通水冷却施工情况，随时抽查温控数据，督促承包人如实测定各项温控数据，反映真实情况，从而有效指导施工。

（4）及时测定混凝土平整度和体型数据并进行外观检查及质量评定。

（5）发现问题，总结经验，采取整改措施。一仓浇筑结束及外观检查完成后，由监理技术质量部组织总结本仓出现的问题并开展“一仓一总结”活动，集思广益，对出现的问题采用针对性处理措施，并督促承保人切实落实，从而避免问题重复出现。

六、技术纠偏及监理效果

（一）技术纠偏

2014 年 3 月份，完成底板硅粉混凝土工艺试验，自 2014 年 5 月 1 日起，泄洪洞洞身底板从中间向两边全面铺开混凝土浇筑。在连续浇筑的 6 仓混凝土中，连续 5 仓出现裂缝，其中 1 仓出现 2 条裂缝，裂缝位置在仓号中部居多，混凝土最高温升均超过 34℃，初步分析判断为温度应力裂缝。

为避免底板混凝土温度应力裂缝再次发生，监理中心下发了停工指令，由总监理工程师组织召开专题会议分析，并再次开展底板硅粉混凝土工艺试验，通过 2 仓工艺试验，监理中心提出了如下工程建议：

1. 通过再次工艺试验表明，混凝土达到最高温升后，在停止通水状态下，其温降速率在 0.4~1.2℃/d 之间，小于 1.0℃/d 的测值为 98%，建议将混凝土温降速率调整为小于 1.0℃/d 进行控制。

2. 经监理分析认为，其边墙混凝土为自由区，而底板混凝土为强约束区。应对自由区和约束区的混凝土通水方式区别对待。建议将混凝土浇筑后的流水养护调整为：在混凝土 0~3d 龄期时，采用一层土工布覆盖并进行少量淋水养护；自混凝土第 4d 龄期始，在土工布表面覆盖一层聚乙烯薄膜，保持混凝土表面湿润，其上覆盖 3cm 厚的聚苯乙烯泡沫卷材进行全面保温，以控制混凝土表面与内部温度差在 6℃左右。表面保护时间不小于 28d 龄期，且在混凝土内部温度降至 26℃以下后再拆除保温卷材。

3. 通过对已经浇筑的边墙和底板的通水流量分析，利用内径为 28.00mm 的 HDPE 塑料管通水，在通水流量达到 70L/min 时，已达到降温的临界值，继续加大通水流量已失去意义且不经济，因此建议将通水流量调整为最大 70L/min。

4. 由于底板有 1.0m、1.5m 和 3.0m（掺气槽）厚三种类型，为避免在夏季施工时最高温升超标，建议其 1.0m 厚底板冷却水管仍平铺 1 层，1.5m 厚底板平铺 2 层，3.0m 厚掺气槽段平铺 4 层。

5. 将泵送混凝土改为常态混凝土，通过降低胶凝材料的掺量来降低混凝土的水化热温升。

监理工程师在混凝土质量总结会议上提出的 5 点建议，得到了业主单位和设计单位认可，设计通过复核计算认为所提建议合理可行，并重新修订了《泄洪洞混凝土温控技术要求》。

（二）监理效果

通过采取一系列的监理质量管理手段和方法，泄洪洞进、出水口边墙硅粉混凝土未再出现温度应力裂缝；底板混凝土出现裂缝以后，通过采取技术手段予以纠偏，后续浇筑的底板混凝土未出现不可控的温度应力裂缝。大岗山泄洪洞硅粉混凝土整体施工质量满足合同和设计要求，其质量控制效果远大于同类工程的硅粉混凝土施工效果。

七、结语

1. 大岗山水电站泄洪洞混凝土施工过程中，通过开展“一仓一总结”质量管理活动，开展周、月联合质量检查，以及定期形成的监理质量报告，有效促进了泄洪洞混凝土尤其是硅粉混凝土施工质量的提高。

2. 若承包人现场技术力量相对薄弱，对发现问题不敏感，应充分发挥监理主导作用，通过开展质量检查活动，查原因、定措施、评效果、抓持续改进，促使相关问题得到及时解决，全面提升施工质量。

3. 强抓严管、督促落实。在形成成熟的施工程序后，形成工艺手册，开展技术交底，落实责任人，促使各工序环节有条不紊推进；同时项目监理人员应全面熟悉调整后的工艺流程，对施工方的违规作业进行评分考核或处罚。

4. 混凝土温度控制是一项比较精细的工艺控制，也是一项控制难度较大的工作，在有温度控制要求的大体积混凝土和硅粉混凝土施工中，温度应力裂缝是制约工程建设质量和进度的关键因素。建议成立专门的温度控制工作小组，通过不断的总结和优化，尽早形成系统化、程序化和个性化的温控控制流程，在保证质量的前提下可提高工程的施工进度。

母体试验室如何做好工地试验室的监管工作

武汉铁道工程建设监理有限责任公司　魏明学

摘　要： 母体试验室对工地试验室的有效监管，对提高工地试验室的服务水平，确保检测结果的准确性、有效性、完整性和合法性至关重要。结合本公司铁路监理项目，从工地实验室筹建、检测人员培训与考核、过程监管等方面全面阐述了母体实验室如何做好对工地实验室的监管工作。

关键词： 母体试验室　工地试验室　监管

工地试验室是母体试验室的派出机构。目前，工地试验室存在的突出问题是试验室设立后交项目监理站管理，监理站往往由于缺少管理试验室的专业经验，对如何管好并发挥其在质量控制上的保证作用有点力不从心，试验室普遍存在管理不规范，试验人员更换频繁、技术素质差、工作质量不高及检测频次达不到验标规定的要求等较多问题，不能充分发挥工地试验室对监理开展质量控制提供保证手段的作用。从现状来看，授权试验室点多且较为分散，母体试验室由于离得较远等客观原因，存在对部分授权工地试验室工作监管不到位的现象。

监理平行试验检测工作是监理单位进行工程质量监管的重要组成部分，也是监理行使工程质量控制的重要手段。因此，如何实施对授权试验室有效监管，使工地试验室标准化、信息化管理地按要求规范开展工作，及时完成验标规定的检测项目及频次，为监理进行现场质量监控提供科学、准确的数据，成为工地试验室急需解决的实际问题。

一、母体试验室对工地试验室的监管依据

《铁路建设项目工程试验室管理标准》（TB10442-2009）、《铁路工地试验室标准化管理实施意见》工管办函[2013]284号，《铁路工程拌和站及试验室数据接口暂行规定》（工管办函〔2013〕381号）以及《铁路工地试验室和拌和站人员岗位资格培训考试管理办法（试行）》（工管办函〔2013〕300号）等标准、办法、规定，对工地试验室的设立、人员要求、设备

的配备及检测工作的标准化、信息化管理，检测行为的规范性等作出明确和详细的规定，对工地试验室及人员纳入铁路建设信用评价，母体试验室对工地试验室进行监督和管理提出了明确要求，也是母体实验室对工地试验室是否按照标准、规定开展标准化建设、管理及依据验标、标准、规范和试验方法开展检测工作进行监督检查的依据之一，另外国家现行有关标准：《房屋建筑和市政基础设施工程质量检测技术管理规范》（GB 50618-2011）、《实验室资质认定评审准则》（国认实函 [2006]141 号）及母体试验室的质量管理体系文件也是对工地试验室进行监督、检查的依据。

二、如何对工地试验室的监督和管理

1. 作为母体试验室，认真学习和领会国家和铁道行业关于工地实验室标准化、信息化管理的相关标准、办法，依据国家有关法律、法规和现行铁路有关建设工程质量验收标准、竟见的精神，如《铁路建设项目工程试验室管理标准》（TB 10442-2009）、《铁路工地试验室标准化管理实施意见的通知》（工管办函 [2013]284 号文）、《铁路工地混凝土拌和站标准化管理实施意见的通知》（工管办函 [2013]283 号文）、《铁路建设项目资料管理规程》（TB 10443-2010）等，制定工地试验室管理办法，并以正式文件形式下发，细化对工地试验室从筹建、设立及规范开展检测工作的各项要求，为工地试验室规范化和标准化开展工作提供依据，同时也为母体实验室开展对工地实验室的有效管控提供了实施依据。总之，制定科学合理可操作性的管理办法是母体实验室有效开展监管工作的前提保证。

2. 帮助指导工地试验室的筹建工作。

要提高工地试验室检测工作质量，必须要保证试验室的各项条件满足规范的要求。主要包括试验室试验人员组成、试验室设施及试验设备投入、检测环境等。母体试验室在工地试验室建立之初，首先必须详细了解该项目情况，授权合适的试验室负责人及相关检测人员；还应掌握该项目必须完成的检测项目，为工地试验室提供详细的设备投入清单，明确试验设施及检测环境的要求，帮助并指导负责人完成工地试验室的建点与标准化建设工作；试验室组建后，指导试验室负责人按照母体质量手册、程序文件建立检测管理体系，并根据项目特点制定工地试验室各项管理制度，依据验标编制检测实施细则、计划等，完成工地试验室初验工作。良好的开端是后续顺利开展各项检测工作的基础与保障。

3. 注重对工地试验室授权负责人的沟通与监管。

较高的协调和管理能力、较强的责任心、熟练的业务水平、丰富的工作经验是工地试验室负责人必须具备的品质。要充分发挥试验室负责人的作用，调动其工作积极性，除了应建立明确的负责制，还应注重加强与负责人的交流与沟通。在项目实施的过程中，通过与负责人的沟通交流，了解试验室各项工作进展情况，协助解决试验室负责人在工作中遇到的困难；同时结合项目业主、项目总监等各方对试验室工作的评价，全面了解试验室负责人工作实效。通过月度、季度、年度检查考核等方式对试验室负责人的工作进行监管、考评。

4. 加强对检测人员的培训与考核。

试验室的工作需要一个团队的共同努力，每一位检测人员的工作态度与业务水平决定了试验室的工作质量。如何增强检测人员责任心，提高检测人员的业务水平，也是母体试验室管理工作的一个重要方面。母体实验室可采用多种方式开展各项培训活动达到此项目标。如在每年初或年底定期组织试验人员进行集中技能培训，采用理论讲解结合实际操作的方式提高试验人员的业务水平；根据项目需求组织岗位培训，有针对性地为项目检测工作进行讲解培训，提高

检测人员的实际工作水平；结合行业资格考试组织考前培训，提高参考人员的考试通过率，从而提高公司检测专业的持证率；对行业新的要求、标准、规范等及时进行宣贯，保证工地试验室信息的及时畅通等。不定期组织现场试验人员到上级母体试验室进行试验操作培训，请有经验的工程师讲解常规仪器的正确操作及试验检测工作中应该注意的问题。通过强化培训工作不断加强检测人员的专业理论和技术能力，为工地试验室工作质量的不断提高提供了有力保证。

5. 过程监管工作的细致化、常态化。

再好的管理办法也需要有效的执行，更离不开实施过程中定期与不定期进行的监督检查、帮助与指导。作为母体试验室，应把过程的监督检查、帮助指导工作当作监管的最有效手段。监管内容的重点涵盖试验环境、日常管理与检测活动三个方面。试验环境主要检查对检测结果有影响的环境温度、湿度等，如水泥室、标养室、化学室及混凝土室等检测室的环境温度、湿度是否满足规范要求；日常管理主要检查是否建立了设备档案台账，制定设备检定 / 校准、维护与保养计划并执行，设备是否处于良好工作状态，其精度是否满足检测工作要求，设备使用频率是否与检测活动相一致等，检查试验室使用的标准规范是否现行有效，是否根据工作需要编制培训计划并对人员进行针对性的培训，培训记录是否完整；检测活动的检查主要包括通过检测人员的实际操作，检查其检测行为的规范性，通过抽查检测记录、报告等方式，再现检测过程，检测项目参数是否超出母体授权范围，检查检测行为的合法性、客观性、准确性与真实性，结合工程进展情况检查试验室整体工作的及时性、有效性等，检测频率是否满足验标要求。注重检查结果的总结、沟通与交流，对于检查中发现的问题，及时与项目负责人沟通解决。监管的方式可采用定期检查、专项检查结合不定期抽查等。只有将监督检查、帮助指导工作落到实处，才能客观真实地掌握授权试验室的工作状况，达到有效监管的目的。

6. 把年度工地试验室及检测人员信用评价纳入项目及个人考核。

根据铁总对工地试验室标准化管理的要求，每年对工地试验室进行信用评价，对持证的检测人员也进行信用评价。为更好地调动每个检测人员的责任心与工作积极性，可将每年的信用评价结果纳入到项目或个人的年度考核中，直接与其评先、绩效考核等相结合，实行奖优罚劣，从奖罚的角度提高检测人员的工作责任心与积极性，增强组织的凝聚力，提高试验室的工作质量。

7. 建立信息交流平台，注重经验的交流与推广。

作为母体试验室，可利用自身统领、监管的优势，为各工地试验室建立一个资源、信息共享的平台。可通过公司网站开辟专栏、专题研讨会及年会交流等方式，定期发布各监理项目工地试验室工作开展情况，推广好的方法经验，加强交流；结合项目需求提出论点，鼓励大家积极参与讨论，集思广益。通过采取多种方式达到信息交流、资源共享的目的，同时提高检测人员的工作热情与动力，营造一种和谐向上的氛围。

三、结语

随着铁路工地试验室标准化、信息化建设的开展，母体试验室应不断完善并加强对工地试验室的监督检查、帮助指导和管理工作，采取多种方式，实施有效监管，确保工地试验室的各项工作满足标准化、信息化要求，为监理站开展质量监控提供准确及时的数据保证。母体试验室还要不断总结监管经验，形成科学合理、有效的管理模式，促进工地试验室工作质量的持续提高。

建设工程督查与咨询工作模式初探

成都衡泰工程管理有限责任公司

摘　要：四川省屏山县原县城及五个集镇因受水电站开发建设影响而需重新建设、整体搬迁。本文简介了屏山县移民迁建安置工程的情况，重点说明了屏山县新县城建设工程督查与咨询工作的内容、模式及服务实施过程，分析、总结了该次督查与咨询的成功原因、条件和待完善之处。

因金沙江向家坝水电站开发建设，四川省屏山县原县城及五个集镇需重新建设、整体搬迁。受四川省住房和城乡建设厅、四川省扶贫和移民工作局、中国长江三峡集团公司（下简称三家委托单位）共同委托，我公司于2011年12月至2012年9月对屏山县新县城建设工程进行督查与咨询。该工程规模大、工期紧、建设环境复杂。我公司督查咨询组（下简称督咨组）紧紧依靠四川省人民政府的正确领导，在参建各方的支持配合下，凭借严格监督、热情服务、精湛技术及优良作风，圆满完成了委托任务，确保屏山县新县城按期整体搬迁。此次督查咨询工作得到了四川省人民政府、中国长江三峡集团公司以及宜宾市人民政府、屏山县人民政府的肯定和好评，同时也为创新移民迁建安置工程及类似工程的建设管理模式作了初步、有益的尝试和探索。

一、督查咨询背景

受向家坝水电站开发建设影响，屏山县原县城及五个集镇需整体搬迁，移民3.5万余人。新县城、新集镇分别于2011年3月、2010年11月开工建设，两者总建筑面积265万m^2，包括633栋移民安置房、45栋公共建筑、42km市政道路、13个配套设施。屏山县新县城必须在2012年6月30日完成整体搬迁。这些工程即使是三峡集团出资，也要符合移民政策规定的标准和移民资金拨付的流程，还需省、市、县政府协作完成。至2011年11月，新县城建设尚只完成全部工程量的五分之一。

面对如此规模大、工期紧的移民迁建安置工程，市、县两级建设工程质量安全监督机构限于编制、力量薄弱，且当地建设经验缺乏、专业人才不足。

二、委托服务内容

根据三家委托单位与本公司签订的《屏山县新县城建设工程质量安全工作服务合同》以及三家委托单位签署的《委托书》，我公司的服务内容可用“督查、咨询”两个词概括。

1. 督查，主要是指在三家委托单位的职责层面上，对屏山县新县城建设工程施工现场的质量、安全生产进行督查。

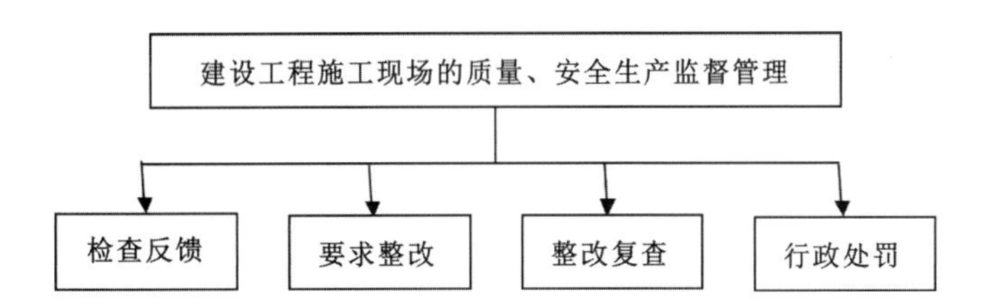

建设工程施工现场的质量、安全生产监督管理包含如下四个主要环节：

依据《中华人民共和国行政处罚法》，行政处罚只能由具有行政处罚权的行政机关（住房和城乡建设主管部门）或受委托组织（建设监察机构、建设工程质量安全监督机构）实施。“检查反馈”、“要求整改”、“整改复查”三个环节属于监督管理中的技术性工作，并不包含行政执法内容，因此这三个环节主要由督咨组负责。当督咨组在对施工现场进行质量安全检查时，如发现适用行政处罚的情形，督咨组应保存检查证据、编写督查记录并报告相应住房和城乡建设主管部门、建设工程质量安全监督机构，该部门、机构核实后依法实施处罚。

委托本公司对屏山移民迁建安置工程进行督查咨询，并无改变当地各级质量安全监督机构的法定职责和工作范围。

2. 咨询，是指协助屏山县政府解决工程建设过程中的技术问题，对建设管理提出合理化建议，为新县城建设提供技术支持。

三、督查咨询模式简图

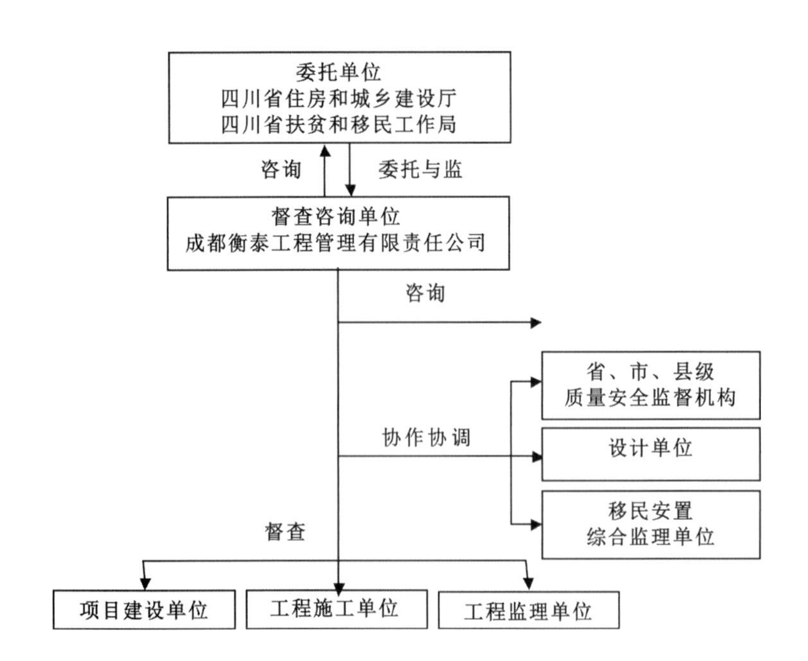

四、服务实施简介

1. 组建督咨组

甫受委派任务正值春节临近，本公司董事长薛昆高度重视，在第一时间紧急部署，亲自精选两位资深部门经理担任组长和副组长，并按照专业配套、特长互补的原则，抽调工程经验丰富的骨干员工组建督咨组。督咨组于 2011 年 12 月 14 日进驻屏山开展工作。

2. 质量安全督查

（1）编制《屏山县移民迁建安置工程督查咨询规划》，确定督咨组之组织形式、人员配备和岗位职责，明确质量督查、安全督查的重点，说明督查工作方法与要求；编制《屏山县移民迁建安置工程督查实施细则》、《督查工作纪律与廉洁规定》、《建设工程质量督查记录表》和《建设工程安全督查记录表》，指导、规范督查工作；每月月底制订下月督查计划，以使督查工作有序开展。

（2）学习移民政策和规定，调查了解项目情况及周边环境，集中梳理工程建设中存在的问题（如征地、拆迁、赔偿等）并协助当地政府解决，为移民迁建安置工程施工创造良好的环境和条件。

（3）督查工作方法

督查采用全面巡查、重点检查、突击抽查的方法。

根据工程标段和所在地块，督咨组分为 5 ~ 6 个督查小组。按照督查计划及组长的布置，督查小组每天到施工现场进行巡查，下午全部小组返回驻地后组长即主持召开工作日例会。此外还安排督查员对夜间施工情况进行检查。

根据项目的具体情况确定督查频率。对特别重点项目每周督查 1 次，对重点项目每 10 日督查 1 次，对一般项目每 20 日督查 1 次。

（4）质量安全问题、隐患分类处理

对于督查发现的一般质量安全问题、隐患，督咨组签发督查记录表并抄送当地质安站，要求建设、监理单

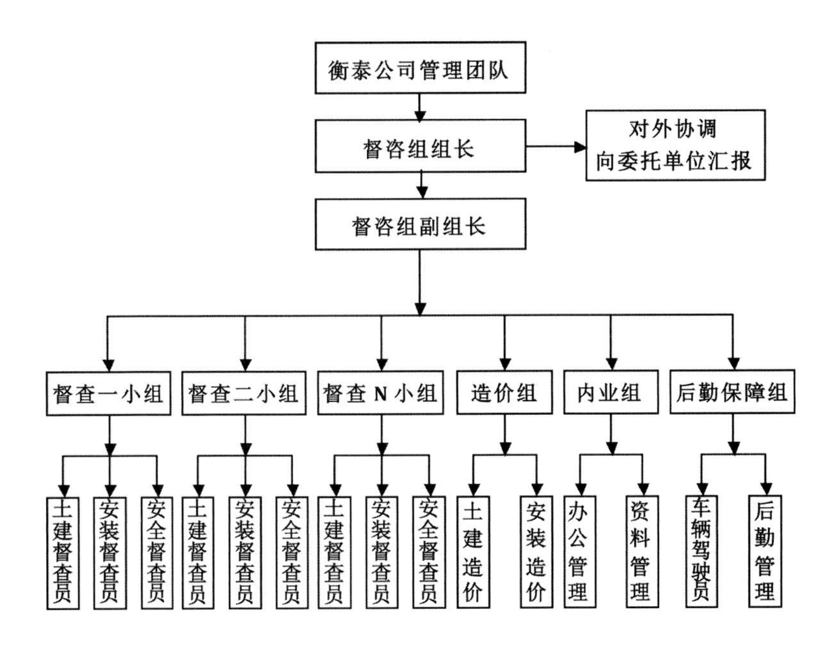

位督促施工单位限期整改并回复整改结果。

对于督查发现的重大质量安全问题、隐患，督咨组签发工程暂停令，要求建设、监理单位督促施工单位限期整改，并报告省质安总站，通报县移民工程建设指挥部、住建局和当地质安站，协调有关部门、机构依法依规处理。督咨组、当地质安站跟踪整改过程。整改完毕，督咨组签发复工令。

当施工单位拒不整改或拒不停工时，督咨组报告省质安总站，通报县移民工程建设指挥部、住建局和当地质安站，协调有关部门、机构依法依规处理。

（5）在实际工作中，督咨组还承担施工进度督查、参建各方履行工程职责督查的任务。此处参建各方主要是指工程项目建设、设计、施工、监理单位。

（6）督查协调与报告

督咨组通过现场协调、电话协调、特定面谈、书面文件、召开会议等形式，及时有效地协调与其他单位的工作。

督咨组参加每周一次的县移民工程建设指挥部会议，通报上周督查工作和工程建设情况。

督咨组编制《督查周报》、《督查月报》，定期向委托单位报告督查工作，同时抄送市住建局、县移民工程建设指挥部和住建局。

对于移民迁建安置工程建设中的其他重要事项，督咨组编制《督查专题报告》呈报委托单位及相关单位，必要时直接向委托单位汇报。

3. 建设工程咨询

（1）造价咨询

受委托单位委托，我公司组织造价专业人员历时两个多月，完成了屏山县移民安置房的工程造价剖析和赶工费用测算，为工程款支付和确定移民工程造价指标提供了可靠的第三方数据。

（2）技术咨询

①市政工程咨询

新县城市政道路管网建设是督咨组开展咨询服务的重点之一。督咨组及早促请县移民工程建设指挥部抓紧市政配套建设，派督查员调查市政道路管网实际施工进度，了解进度滞后原因，提出处理意见。

②合理化建议

督咨组一旦发现移民迁建安置工程中的重大质量、安全、进度问题，马上积极主动地通过县移民工程建设指挥部会议、《督查月报》、《督查专题报告》等途径提出合理化建议。

③“两书一手册”编制工作

为使屏山县移民顺利接收、入住移民安置房，四川省住建厅指令我公司编制《屏山县移民安置房使用说明书》、《屏山县移民安置房装修注意事项》（即“两书”）和《屏山县移民安置房接收使用手册》（即“一手册”），要求手册编制者设问50～100个，以一问一答的形式解答移民关注的安置房问题。

从督咨组、县政府和移民的不同视角，我公司“两书一手册”编制小组为手册初选提问100余个、最终精选52问，问答涉及相关法律法规、政策文件、设计要点、交房标准、验收规范、质量通病、装修须知等多方面内容。编制小组对“两书一手册”字斟句酌、反复修改，历时20余天方才定稿。“两书一手册”经本公司专家团队审查通过并征求县住建局意见后，于2012年2月下旬报送四川省住建厅审定，继而正式提交县政府使用。

（3）决策咨询

根据委托单位的要求，我督咨组对移民迁建安置工程建设有关事项进行调查研究并编写专题报告，为委托单位的决策、指导、协调工作提供了准确的基础资料。

比如2013春节后，督咨组针对总包单位能够和必须完成的3月30日、6月30日两个关键节点的交房套数提出了切合实际的计划与必须安排的工程进度款额，得到业主和指挥部的采纳，确保了施工单位最后冲刺的要素条件。

五、督查咨询总结

1. 屏山县新县城建设工程督查与咨询工作及其成效表明，由三家委托单位共同委托督查咨询这种移民迁建安置工程管理模式，在现行大型水利水电工程移民管理体制下，能够使督咨组起到“综合集中、承上督下、多方协调、整体把握”的作用，充分发挥工程管理公司在房屋建筑和市政工程方面的管理优势和专业特长，提高了移民迁建安置工程管理的质量和效率。

2. 督查咨询模式在一定程度上弥补了现行移民迁建安置工程中综合监理、工程监理等制度的不足之处。由省级政府主管部门、项目法人共同委托，明确并强化被委托单位对工程施工的监管职责，增强了被委托单位在工作中的协调力、权威性和执行力。

3. 督查与咨询相辅相成、相得益彰，取得1+1>2的效果。通过督查，督咨组准确而详细地掌握了移民迁建安置工程从全局到细节的建设情况，使得咨询工作敏锐及时、切合需要；通过咨询，督咨组在监管的同时提供技术支持，既管理又服务，改变了单纯监管的做法，促进质量安全问题、隐患的解决，特别得到县级政府的好评，收到较好的督查效果。

4. 制定并执行严格的工作纪律和廉洁规定，是做好移民迁建安置工程督查工作的重要保障。督咨组甫进场即“约法三章”：严禁接受施工单位喝茶吃饭邀请、严禁与施工单位打牌打麻将、严禁接受施工单位的红包钱物，甚至明令不准接受施工单位的一包香烟。

5. 鉴于移民迁建安置工程督查是一种新的模式，目前尚无制度规范可依循，为做好后续类似督查工作，我公司将在总结屏山移民迁建安置工程和其他工程督查方法与经验的基础上，进一步厘清与有关部门、机构的工作关系和工作界面，编制建设工程督查企业标准，使督查工作规范化，以实现本公司“让建设工程造福社会”的理念。

浅析作好建设工程安全监理几点措施

西安高新建设监理有限公司　山旭博

摘　要： 建设工程安全监理是指工程监理单位的监理人员依据国家和地方有关法律、法规，工程强制性标准，对施工单位的施工现场安全生产管理行为的监督检查和安全防护措施的监督抽查。工程监理单位作为工程建设主要实施主体之一，对建设工程安全生产承担监理责任。本文从我国安全监理现状出发，简要分析了如何做好建设工程安全监理，以供参考。

关键词： 建设工程　监督检查　安全监理

我国1988年开始推行监理制度，至今已经20多年，工程监理单位受业主委托，依据国家和地方有关法律、法规，工程强制性标准和有关规范及合同，依靠监理人员的经验和智慧在工程建设中发挥着至关重要的作用。但是随着监理行业的快速发展，有关法律法规的理解错误，以及从业人员的良莠不齐，导致建设工程安全监理领域责任不清，相互推诿，使得各方面对这个行业产生质疑，严重阻碍监理行业的正常发展。

一、现阶段我国安全监理方面的有关问题

1. 监理安全管理责任认识不清

目前，社会各界包括许多监理从业人员对施工安全监理的监理责任混淆不清。2014年12月29日，北京市海淀区清华附中在建体育馆发生坍塌事故，造成10人死亡，4人受伤。法院以重大责任事故罪分别判处总监理工程师5年，安全监理工程师4年，引发社会争议，监理在安全管理方面到底充当什么角色？承担什么责任？

一方认为，工程监理是建设工程施工的主要控制和实施主体，应该从重从严处理。理由是工程监理在施工过程中充当指挥和监督验收责任，通俗讲工程监理充当老师角色，而施工单位是学生，学生犯了错误，作为老师更应该得到处理。

另一方认为，工程监理既不是建设工程的实施方也不是建设工程的组织方，不应承担安全方面的责任。理由一是根据《中华人民共和国建筑法》（建设领域的重要法律之一）对施工单位在建筑安全生产管理中作的规定：“施工现场安全由施工企业负责”，因此安全管理是施工单位的事。理由二是《中华人民共和国安全生产法》（安全生产领域的重要法律之一）主要对生产经营单位的安全生产作了详细规定，而监理单位不是生产单位，是受建设单位委托，在委托权限范围内的服务单位，因此安全管理是施工单位的事情。

2. 参建各方的不规范行为影响监理安全管理

人是工程建设的决策者、组织者、管理者和操作者，人的行为对工程质量安全产生重要影响。工程建设中，参建各单位，各部门、各岗位工作人员专业技能和安全知识水平，制约和影响着施工安全。现实生活中建设单位为了工程效益，随意压低工程造价，不按规范支付安全文明措施费，随意压缩工期，违

反施工工艺；监理单位为了效益，缩减现场管理人员，聘用专业技术水平低的低工资人员，在施工安全工作中，缺乏管理安全方面的专职人员，缺少对新入职监理人员的安全培训；施工单位克扣安全文明施工费用，采购不合格的安全防护用品，减少安全管理人员，降低安全保证措施等各方面的不规范行为，给施工安全造成隐患，影响和制约监理的安全管理。

二、原因分析

1. 社会各界对监理安全管理的理解错误

上面我们描述了社会各界对监理安全管理认识的两个方面，存在第一方面认识的人，大多来自政府质量监督部门、建设单位和施工单位。造成这种观点的原因，大致有以下两点：一是政府质量监督部门和建设单位的管理人员，认为监理单位是凭借智力成果吃饭，受雇于建设单位，替建设单位盯着施工单位作业人员。施工单位没干好就是监理单位监督不力，责任更大，这一关点过分夸大了监理的安全管理责任；二是施工单位有关人员推卸责任，对应该自己承担的安全施工责任寄托于监理的审批和验收。另一方面是对监理安全管理了解的人，大多是监理行业的从业人员，希望通过法律、法规某些条款减轻和推卸安全监理责任，这是对法律、法规的错误认识。

2. 参建各方不规范行为分析

现有体制的不完善是导致各方不规范行为的主要原因。受传统经济雇佣关系影响，建设单位一直凌驾于监理、施工单位之上，是导致建筑工程安全隐患的主要原因之一。国家推行工程监理制度，制约建设和施工单位不规范行为。但是由于不良竞争和监理费支付影响，监理单位对建设单位的不规范行为是敢怒不敢言，使得建设单位的不规范行为缺少监督。现有建筑施工安全方面法律法规和相关规范对监理安全专职管理从业人员资格和配置缺少规定，这是导致监理单位监理不规范的主要原因。

三、做好建设工程安全监理工作的几点措施

1. 熟读相关法律、法规和规范，树立安全意识

我国《建设质量管理条例》对安全监理是这样描述的：“建设单位、设计单位、施工单位、工程监理单位违反国家规定，降低工程质量标准，造成重大安全事故，构成犯罪的，对直接责任人员依法追究刑事责任。”工程质量和施工安全密不可分，质量隐患往往造成重大安全事故，监理单位依据法律法规，设计图纸和有关合同对施工过程进行监督检查和验收。《建设工程安全生产管理条例》对建设工程监理安全责任进行了进一步明确：“工程监理单位是工程建设重要相关方，是工程建设管理目标实现的重要保障。监理单位应审查施工组织设计中的安全技术措施或专项施工方案是否符合工程建设强制性标准；发现存在安全事故隐患时，应当要求施工单位整改或暂停施工并报告建设单位。施工单位拒不整改或者拒不停止施工的，应当及时向有关主管部门报告。监理单位应按照法律、法规和工程建设强制性标准监理，并对建设工程安全生产承担监理责任。”法律法规是工程监理工作的依据，作为一名合格监理人员应该熟读法律法规和相关规范，树立“安全第一”意识，作好工程监理安全管理工作。

2. 建立健全监理安全制度

制度是约束不规范行为的最佳手段，当安全管理制度不健全，制度执行不严格，对违章行为处罚力度不够时，会助长习惯性违章的发生。随着建筑行业的快速发展，建筑形式逐渐多样化，监理安全工作责任重大，从业人员安全管理逐步走向专业化，建立健全监理各项制度迫在眉睫。首先为了提高监理安全从业人员安全管理水平，设立监理安全管理专职安全员制度。施工单位根据工程类别、建设规模设立专职安全员，监理行业也可以借鉴。其次，针对建设单位不能按合同支付安全文明施工措施费，压低施工和监理费用等不规范行为设立行业保护制度。只有规范各方建设行为，才能为安全管理工作提供条件。

3. 加强监理从业人员安全培训，提高安全管理水平

安全教育是安全生产的一项重要基础性工作，是建立安全生产长效机制的治本之策，加强安全教育培训，对于提高安全技能、强化安全意识、提升管理水平、预防安全事故具有十分重要的作用。检查施工单位三级教育是安全管理工作之一，没有经过三级教育不能上岗作业。许多监理公司忽视对新入职人员安全教育培训，导致监理人员自身发生安全事故的比比皆是。规范监理人员安全管理行为，提高监理人员安全管理水平，对监理人员进行定期安全教育培训是一项必要的工作。

4. 明确工程监理安全职责，把好各项控制关

建筑生产安全管理，关键在于认识到位，责任落实，措施得力。工程监理是建设工程施工安全的主要管理实体之一，监理从业人员只有明确了监理安全职责，认识到监理承担的安全责任，才能在工作中积极主动，有的放矢，作好监理安全管理工作。依据相关法律法规监理安全职责主要是：

（1）把好建设工程安全审查关

在施工准备阶段，项目监理机构首先应该组织施工单位进行图纸会审，审查设计图纸是否违反工程建设强制性标准，是否考虑施工安全和防护需求，由于设计原因导致安全事故是很难预见的，后果也是特别严重。其次审查施工组织设计和专项施工方案，施工组织设计和专项施工方案是指导施工的纲领性文件，是施工操作的具体规程，施工组设计和专项施工方案必须涉及本工程的安全控制目标、安全控制内容，比如土方开挖工程安全控制要点、难点、易发生事故的关键点以及采取哪些控制措施，制定相应的应急预案。还要审查施工单位各项安全生产管理制度，审查施工单位从业人员资格。安全审查工程是监理安全管理的职责，也是监理安全管理主动控制的手段，把好建设工程安全审查关，可以提高施工单位安全重视程度，防患未然，为杜绝安全事故发生提供了技术支持。

（2）把好现场安全检查关

建设工程施工是一项漫长而复杂的生产过程，涉及各项生产要素是动态变化的，加强过程控制，通过检查、监控和验收才能消除施工生产过程中的各种安全隐患，保证安全施工。建设工程施

工过程中，现场安全隐患具有普遍性、特殊性、反复性和多发性，监理工作人员应该根据各项施工特点，通过巡视、平行检验和旁站的控制手段，把好关键环节、关键部位的安全检查工作。比如施工脚手架工程，首先监理工作人员要熟悉架体类型、搭设方法、搭设材质，检查搭设人员是否具备资格，以及各项架体控制的关键点。总之，现场安全检查是履行监理安全管理职责，掌控安全工作的重要环节，也是杜绝安全事故的关键环节。

（3）制止带安全隐患的施工和履行报告职责

现实生活中，我们常常碰到土方开挖未按施工方案分层开挖、分层支护；施工临时用电乱拉乱接；材料超负荷堆放在施工区域等安全隐患，监理人员指出了安全隐患，施工单位拒不整改。还有就是建设单位违反规定，比如不按合同支付安全文明措施费，为了工程效益，压缩合理工期等。不少监理工作人员选择发联系单，发完了联系单就认为自己没责任，这是错误的。安全生产管理条例要求监理在发现安全隐患时，应当要求施工单位整改或暂停施工并报告建设单位。施工单位拒不整改或者拒不停止施工的，应当及时向有关主管部门报告。制止带安全隐患的施工和报告安全隐患施工是法律法规赋予监理安全工作的一项职责，作为一名合格监理工作人员应该认真履行，坚决和违章作业说不。

四、结束语

建设工程安全生产管理是整个生产经营领域，安全生产管理的重要组成部分，工程监理作为建设工程安全管理的主要实体，应该树立安全意识，明确安全职责，完善各项安全管理制度，为保障建设工程安全生产奉献一份力量。

参考文献：

[1] 河北省建设工程安全生产监督管理办公室.建设工程安全监理.河北：河北人民出版社，2013.
[2] 王飞，王龙飞等.习惯性违章的产生原因及预防措施.陕西安全，2016.
[3] 许多.如何做好新招员工转岗人员安全培训.安全生产与监督，2014.
[4] 王强，林志刚等.安全管理大题细做严抓善管.建筑，2015.

监理企业从事项目管理服务的优势及探索

西安铁一院工程咨询监理有限责任公司

摘　要： 本文根据对项目管理的概述及特点，结合国内现阶段建设工程监理的探究，总结出目前监理企业发展与项目管理的相似点，综合本企业在从事建设工程监理工作中对项目管理内容的实践和具体优势，并结合自身发展对建设工程监理行业的前景进行了理论性的探索。

关键词： 项目管理　建设工程监理　优势　探索

一、项目管理概述及特点

我国现有的诸如法人负责制、合同承包制、建设监理制，其实都是在国外项目管理的基础上建立的，我国现在也有项目管理服务，但实行得较少，大多数还是以监理制为主，而且主要是在施工阶段。

从概念上讲，工程项目管理是按客观经济规律对工程项目建设全过程进行有效的计划、组织、控制、协调的系统管理活动。从内容上看，它是工程项目建设全过程的管理，即从项目建议书、可行性研究设计、工程设计、工程施工到竣工投产全过程的管理。从性质上看，项目管理是固定资产投资管理的微观基础，其性质属投资管理范畴。

二、我国建设工程监理的探究

项目管理服务所包含的项目前期征地拆迁、勘察、设计等，目前在我国是作为监理的相关服务来作的，而且多数监理项目并不包含这些内容，都是业主自行组织解决和单独招投标的。而建设监理在我国还只是停留在项目施工阶段的监督管理。

目前我国工程项目管理专业还处于研究、探索和发展阶段，但随着我国改革开放的持续深入，工程建设监理势必要与国际接轨，如何尽快地建立健全项目管理服务体制，引导建设监理转型升级，一方面需要有关部门健全项目管理的相关制度，另一方面需要对国内监理企业出台相应的鼓励和引导政策，同时要大力推行项目管理制。

三、监理企业与项目管理的相似点

我国推行建设监理制度十几年来，取得了显著成效，对工程质量、投资、进度控制发挥了重要的作用。住建部发布的《关于培育发展工程总承包和工程项目管理企业的指导意见》(以下简称《指导意见》)，鼓励有条件的工程监理企业向工程项目管理方向发展，进一步拓展业务范围，为工程建设提供更加全面的技术和咨询服务。工程项目管理不仅仅是工程监理业务的拓展，同时也是其他工程建设管理单位相关业务的延伸。

项目管理涵盖的主要内容包括以下工作：

1. 工程项目计划管理和综合协调

2. 工程项目各阶段任务划分及目标确定

3. 工程项目进度管理及过程控制

4. 投资控制及费用管理

5. 质量管理

6. 人力资源管理

7. 沟通信息

8. 采购管理

9. 项目风险管理

与工程监理相比，工程项目管理的服务对象、服务内容、服务阶段更为广泛，对工程项目管理企业的竞争实力、业务能力、管理水平等要求更高。

四、监理企业从事项目管理的优势

我国推行工程监理制其本意就是推行工程项目管理，也就是对业主委托的项目进行全过程、全方位的策划、管理、监督工作。监理事业规模越来越大，制度越来越完善，作用越来越明显，也涌现了一批有一定影响力的监理企业。其中具有综合资质或者甲级资质的监理企业，无论从人员、资质、制度、工程实践经验等方面，较之其他工程建设单位均具有优势。

1. 行业优势

从目前的形势来看，社会、政府、行业以及企业对于监理的正确定位是非常重要的，对于整个行业的发展和企业的发展起主导作用。从以往多年从事监理工作和监理企业管理来看：现阶段监理企业在考虑监理业务发展上，应定位于施工阶段质量控制、进度控制、造价控制、安全生产检查监督、合同管理、信息管理和组织协调较为合适，有利于监理企业确定较为合理的企业远景和任务，较为符合目前整个监理形势的发展。但是从长期发展的观点来看，有条件和实力的企业应积极抓住目前工程咨询服务业发展的良好契机，积极向工程咨询管理型企业转变。

2. 人员优势

现在大多数工程监理公司或咨询公司，都不断吸纳具有多年工程实践经验的技术人才和工程类院校的高级人才。监理企业为了持续发展，确保行业稳定，经过多年的发展，也是逐步完善人才培养和考核机制，对从业人员择优录用。在市场的优胜劣汰下，一批优秀的监理人成长起来，整个监理行业的良好发展打下了坚实的基础。虽然与最终的项目管理服务人才需求还有一定的距离，但相对来说，监理行业整体从业人员综合素质较之前有了很大的提高和进步。其比如勘察设计、施工等领域。业主单位的人员构成对项目管理服务来说，还是具有较为丰富的人员基础的。

3. 技术优势

纵观目前监理企业所从事项目管理以及项目分布来看，各监理企业在工程建设行业所涉及的领域都非常的广泛，而且所参建的工程项目包含了从铁路、公路、市政、地铁、民航、港口水利水电工程等诸多领域。从性质来看，包含了土建、路桥、隧道、装修、电气、机电安装等相关专业。经过多年的实践，积累了非常重要而且宝贵的技术经验，在众多重难点施工项目中也都有所建树，为监理行业的整体发展积累了大量的知识储备和充沛的技术资源。

4. 管理优势

大多数监理企业都具有国家认可的专业甲级资质，有些还具有综合资质，在制度建设上，也早已建立健全了完善的企业管理制度和项目管理制度，而且在国家重点建设项目和地方重点项目中取得了丰富的管理经验。

比如西安铁一院工程咨询监理有限责任公司在赣龙铁路项目中作为总监理单位，主要承担了行使总体监理的权力，履行总体监理合同义务。对赣龙铁路扩能改造工程各标段监理单位进行统一管理和协调；参加筹备组组织的对各施工单位、各标段监理单位的信用评价活动；有权对工程质量、安全和环境保护、水土保持等建设全过程进行检查；有权要求标段监理单位或施工单位对工程质量进行检测、试验；有权责令其返工或整改，对存在的隐患，有权责令其停工解决，可核查各标段的开工令、停工令、

附件：

赣龙铁路扩能改造工程
总体监理管理办法
（暂行）

1. 总则

1.1 为了有效实施赣龙铁路扩能改造工程总体监理制度，规范总体监理工作，保证工程施工质量，根据《铁路建设工程监理管理暂行规定》（铁建设〔2007〕176号）及赣龙铁路扩能改造工程总体监理合同（赣龙总监合〔2011〕01号），制定本办法。

1.2 赣龙复线铁路公司筹备组（以下简称筹备组）与总体监理单位是委托和被委托的关系，总体监理单位依据总体监理合同或筹备组其他的授权开展工作。

1.3 筹备组安质部负责总体监理管理工作。

2. 总体监理管理机构与职责

2.1 总体监理单位职责：在筹备组的统一领导下，按照总体监理合同委托授权范围，接受筹备组的指令，行使总体监理的权力，履行总体监理义务，为筹备组提供总体监理服务。

2.2 总体监理单位应根据监理标段工作和总体监理工作需要设置现场监理机构，在现场监理机构设置总体监理办公室（以下简称总监办），配备满足总体监理工作需要、能够完成项目监理管理和协调工作的监理人员以及相关的交通、办公、检测等设备。

2.2.1 总监办在筹备组安质部指导下、总监理工程师领导下开展工作。

2.2.2 总监办办公地点设在筹备组，办公地点具备网络和固定电话、传真等，配备计算机5台、数码照相机5台、数码摄像机1台。

2.2.3 总监办由5名监理人员组成，其中总监1人、副总监1人、专业监理工程师3人。

2.2.4 总监办配备交通车辆2辆，四轮驱动，发动机排量3.0L。

2.3 总体监理工作遵循守法、诚信、公正、科学的准则，总监办总监理工程师受总体监理单位委托具体负责本项目总体监理工作。

2.4 总体监理单位与其他监理单位的关系：总体监理单位协助筹备组对监理工作实施管理，并承担管理和协调责任；其他监理单位的现场监理机构应接受总体监理单位现场监理机构（总监办）的协调和管理，且不减免其他监理单位应承担的监理责任。

3. 总体监理工作内容和要求

3.1 对各标段监理单位进行统一管理和协调。

3.2 协助筹备组制定赣龙铁路扩能改造工程监理工作标准、工作程序和标准化监理站管理办法。

复工令，在紧急情况下可直接要求相关监理单位发布停工令等。这些在实践中取得明显成效，也为探索项目管理服务积累了很多经验和教训。

又如公司在合肥地铁一号线第三方质量安全的巡查工作。巡查服务范围及主要工作内容包含：建立健全第三方质量安全巡查组织机构；制定第三方质量安全巡查管理制度，编制第三方巡查方案；熟悉和掌握各被巡查单位的招投标文件、合同、施工图纸、施工组织设计、各专项方案等；对质量安全管理、措施、实施方案等向市重点局轨道交通建设处和市轨道交通 1 号线建设指挥部办公室提出合理化意见；协助建设方对质量安全问题（事故）进行调查、分析、处理、总结，并有责任提供相关证据资料；积极参加、配合建设方组织的各类定期或不定期质量安全监督检查等活动；巡查工作定期以质量安全巡查报告（每轮）、周报、月报、半年总结、年度总结的形式进行汇总；对被巡查单位开展内业资料巡查和外业实体巡查，每轮巡查结束后，定期跟踪复查。

上述实践都是在建设单位或建设行政主管部门的要求下，进行项目管理探索的一个雏形，主要任务就是以宏观的项目管理思路为指导思想，以工程实体为对象进行工作的开展。虽然还不能称为完全的项目管理服务，但也是在项目管理发展方向上的一次积极探索。

另外，西安市轨道交通 4 号线一期土建工程施工阶段安全质量咨询管理，作为我公司对政府建设行政主管部门加强工程安全质量管理的一种新的思路，首次出现在西安地铁建设工程中。作为质安站监督管理工作的延伸，安全质量咨询管理单位部分扮演了政府管理者的角色。作为政府加强工程安全质量监督工作的新形态，委托安全质量咨询管理单位是对工程项目管理模式一种积极的探索，旨在更好地促进地铁建设安全质量管理的全面提高和发展。

5. 成果优势

该项目的具体工作中对参建各方的咨询、巡查等内容总结归纳如下：

（1）对建设单位安全质量管理机构、人员和安全质量责任制以及企业安全质量管理制度的贯彻执行情况；对工程建设项目的具体实施所进行的相关管理工作和技术支持是否满足要求；有无开展安全质量风险管理工作、建立健全的安全质量风险评估体系以及制定安全质量风险管理办法；是否建立明确的应急响应制度和相关的安全质量事故应急预案和处理办法；建设工程项目资料档案管理制度是否按规定要求建立并执行。

（2）对施工单位人员资格与企业资质，安全生产责任制度与目标管理工作进行检查；进行施工组织设计与专项施工方案、安全技术交底、安全培训教育和班前安全活动检查。监督建设工程项目施工安全质量检查与验收工作，工程建设项目分包管理与协调管理工作是否按照有关规定执行，施工单位根据建设工程项目特点编制应急管理办法情况及事故报告处理等事宜。对工程实体质量进行全面检查，对存在问题提出整改意见，对工程安全质量事故处理进行跟踪，检查施工资料及文件档案的建立与整理是否完善有序。

（3）对监理单位检查单位资质资格及管理制度的完善情况；对建设工程项目的监理规划与监理实施细则的编制与实施情况的检查。检查监理单位是否对施工分包单位、检测、监测等单位的资质、安全生产许可证或主要管理人员资格证、上岗证进行严格监督以及按合同规定进行人员配置；检查监理单位对施工单位日常工作的管理、检查、督促与处理的完整性，对建设工程材料、设备的检查与管理工作是否按照相关规范要求执行；检查监理单位参与工程实体和重要的隐蔽工程以及危险性较大的关键节点施工验收、对建设工程施工的协调

管理工作是否有效开展。

（4）对第三方监测和第三方检测单位检查其单位资质、人员是否合理并满足要求，仪器设备的类型及数量是否满足工程实际需要，仪器是否在标定有效使用期限内；检查监测、检测工作的实施是否按照相关强制性标准要求严格有效地执行；检查检测报告是否完整齐备，结果真实有效，签字盖章齐全。

这种对所有参建单位的管理介入，是作为工程监理向项目管理方向发展的一种尝试。我们的这种工作理念和工作方法也得到了部分建设单位和相关建设行政主管部门的认可和支持，使得我们在这方面的实践得到了较大的进步和提高，为今后企业的发展开拓了一条新的途径。

五、项目管理的前景与探索

为更好地作好由施工阶段的建设监理向项目管理的转型，公司结合目前的行业形势和企业发展现状，总结出以下几个方面的发展战略：

1. 监理企业定位及政策

项目法人不肯将投资、进度、合同管理放权给监理人，需要改变目前“政府监督、社会监理”的定式，不再限制监理企业向项目管理企业发展发展。

2. 改变监理企业良莠不齐的形态

在目前监理行业发展艰难的整体环境下，挂靠行为、出租资质、低价抢业务、视监理工程为儿戏，凡此种种，在社会上形成不良影响。因而相当一部分业主对监理承担全过程管理不放心，建设监理公司必须努力提高自身水平才能发展成为项目管理公司。

3. 建立丰富的人才储备

作为一个项目管理公司，其业务范围远比目前的建设监理公司宽广，这就要求公司在人才建设上下大功夫，公司应制定中长期的人力资源计划，一方面下决心培育本公司人才，按照复合型、外向型和开拓型的要求，着重在提高项目管理能力上下功夫，要培育本公司的骨干，留住人才；另一方面，要多方引进既有设计能力又懂管理的人才，以及有国际工程项目管理或国际工程承包经验的人才。

4. 放眼海外，主动寻求国外公司合作

寻求国外企业，建立长久的合作伙伴关系，争取在国内的外资项目上与外国项目管理公司或咨询公司合作进行项目管理。合作的目的是按照比较严格的项目管理要求，学习外国公司的长处，在实践中积累经验。要特别注意的是，应力争以平等的伙伴关系组建联营体，而且在每个部门中都要安排我方懂外文的业务骨干，这样才能真正学到外方的经验，尽量不要只分包一部分工作去“独立作战”。在这方面，我公司在斯里兰卡高速公路、秘鲁地铁等项目已做了有益的尝试。

5. 重视市场开拓，加大对业主方的宣传力度

我国的业主方，不论是政府投资方还是一些私营业主方大都不懂工程项目管理，因而公司的一项重要任务就是加大宣传力度。向业主方介绍项目管理的内容、过程，委托项目管理公司进行专业化管理的必要性以及本公司的实力。要主动开拓市场而不能坐等招标，因为业主方可能常常提不出项目管理招标的内容。

六、结束语

我们应该看到，在建设工程领域，项目管理还是一个新兴的行业。时逢我国大规模的经济建设时期，监理发展呈现“发展历史短、成长速度快、热点问题多、社会关注度高”等特点。相信监理行业通过政府的宏观调控、行业协会的深入指导、企业的积极参与，能够在宏观调控和微观管理两个层面上把握好正确的方向，许多问题和困难逐步得到解决。监理行业的转型升级势在必行，时不我待，而项目管理是行业转型的必由之路。

业主方建设工程项目管理组织模式

安徽万纬工程管理有限责任公司　陈天骄

摘　要：根据项目管理的组织模式理论，本文较全面、系统地分析和总结了工程建设三种业主方项目管理组织模式的含义、优缺点、适用性，对大型建设工程业主方项目管理组织模式改进进行了探讨；为工程建设体制发展方式的改进提出推进思路，供有关工程建设的相关部门和人员借鉴之用。

关键词：业主项目管理　组织模式　改进探索

一个项目的建设能否成功，能否达到预期的目的，很大程度上取决于项目管理模式的选择。建设单位作为建设工程的投资人，是项目实施责任主体的总组织者；它往往控制和影响其他建设主体行为及行权履责。因对业主方项目管理组织模式考虑不当，直接或间接导致工程出现问题的情况屡屡发生因此应该慎重考虑和抉择。

长期以来，业主方项目管理组织模式尚未形成标准或规定，建设行业仍在积极探索。大量建设工程的项目管理实践表明，建设工程项目业主方管理组织主要有三种模式，一是业主方自行项目管理；二是业主方委托项目管理；三是业主方与项目管理（咨询）单位合作进行项目管理。随着工程项目管理实践的深化和总结，业主方项目管理三个组织模式的各自优势也不断彰显，其各自劣势也随之暴露。摆在我们面前的是认识熟知这三种管理组织模式各自的特点，正确选择，发挥其优点，避免其缺点，逐渐补充和完善我们的项目管理组织；从而推进工程建设体制发展方式的改变。

一、业主方项目管理组织模式的含义

（一）业主方自行项目管理

业主自己进行管理，是指业主自己对工程建设项目进行管理的组织形式。为了完成各项项目管理工作，业主必须组建与建设项目的管理相适应的部门和机构，拥有专业齐全的项目管理人员，建立规范的管理制度和管理工作流程，进行明确的工作任务分工和管理职能分工。

（二）业主方委托项目管理

业主方委托项目管理（咨询）公司承担全部业主方项目管理的任务，“项目管理承包商”(Project Management Contractor) 简称为 PMC 。PMC 作为业主的代表或业主的延伸，代表业主进行整个项目过程的管理，帮助业主在整体统筹、项目决策、设计、工程招标、组织实施、投料试车、考核验收实施过程中具体控制，保证项目的成功实施。

（三）业主方与项目管理（咨询）单位合作进行项目管理

业主方委托项目管理咨询公司与业主方人员共同进行管理，该管理机构是由业主方组织并授权的项目一体化管理团队 (Integrated Portfolio Management Team)，简称为 IPMT。IPMT 代表业主对工程的整体统筹、项目决策、设计、工程招标、组织实施、投料试车、考核验收进行全面管理，再通过招投标选择监理或承包商，并对他们的工作进行监督、管理、协调。

二、业主方项目管理组织模式的优缺点

（一）业主方自行项目管理

1. 优点

（1）业主按自己建设意图行事的权力高，行使工程建设管理主动控制权较大，能够由自主把握职责范围内的支配和指挥，实施过程中及时并迅速调整措施，最大程度的保证业主自己的利益。

（2）有利于业主利用工程建设管理的现有资源和条件；通过对决策和经营活动的监察和督导，为业主资源的合理有效配置提供保障，这是业主投资的本能要求，咨询公司或承建商不如业主自身的意愿。

（3）项目管理地位较高，可实现行政协调，纵向管理比较顺畅。相对于其他方式来讲，在选择承建商，过程的检查、控制，工程验收，支付工程费用，建设诸环节等主导地位明显，有关联的咨询公司或承建商对决策、经营及监督等方面的控制权相对较小。

（4）对于业主委托平行发包方式的项目而言，通用性强，可自由选择咨询、设计、监理方，各方均熟悉使用标准的合同文本，管理界面简单，单独确定承担本工程行为主体的权利和义务，管理内容比较明确，有利于合同管理、风险管理和减少投资，决策也快速。

2. 缺点

（1）业主组织机构直接行使对项目的管理，业主既是投资主体，又是项目的管理主体，承担了项目的较大风险。

（2）由于工程项目的一次性，自己进行项目管理往往有很大的局限性；缺乏专业化的队伍，缺乏管理经验，没有全方位、全过程、全系统、深层次管理，服务管理手段落后，效率低，易造成失误，经常出现返工现象，变更时容易引起较多索赔。

（3）对于业主委托平行发包方式的项目而言，工程项目要经过规划、设计、施工三个环节之后才移交给业主，项目周期长。

（4）对于某些大型建设项目，由于建设项目的规模大、技术复杂、工期长等因素，工程建设各个阶段、各个部分之间的界面管理工作量大而复杂，业主方自行项目管理往往需要配备大量的项目管理人员；这么多人参与项目管理，往往出现业主方自身的人力资源管理有困难。

（5）项目的实施需要一定的项目管理人员，对于一次性管理机构由于没有连续的工程任务，工程建设完成后需解散人员，安置会有许多困难和矛盾，项目管理人员存在“转岗分流”的后顾之忧，工程管理队伍也不稳定。

（6）不利于积累经验和教训；难以培养和形成高素质的专业工程管理队伍，提高不了工程建设的管理水平。

（二）业主方委托项目管理

1. 优点

（1）委托管理公司管理，工程项目（咨询）管理公司实际上是作为建设项目业主代表或建设项目业主的延伸，对项目进行集成化管理，承担受委托管理范围的责任，绝大部分的项目管理工作都由项目管理承包商来承担，重大问题仍由建设项目业主决策。业主将管理风险转移给管理公司承担。

（2）充分利用项目（工程）管理公司的管理资源和项目管理经验，有利于业主的宏观控制；业主所选用公司一般专业从事工程建设管理，有丰富的项目管理经验，其技术实力和管理水平均强于业主，可为业主决策层提供技术支持；采用专业化项目管理方法，实现全面的项目管理、规范运作，以达到对项目总体的有效控制。

（3）有利于帮助业主节约项目投资。业主在签订委托项目管理的合同中在节约投资方面给予相应比例奖励的规定，PMC一般会在确保项目质量工期等目标的完成下，尽量为业主节约投资。PMC一般从设计开始到工程竣工为止全面介入进行项目管理，从基础设计开始，他们就可以本着节约的方针进行控制，从而降低项目采购、施工等以后阶段的投资，以达到节约费用的目的，通过工程设计优化降低项目成本。PMC承包商会根据项目的实际条件，运用自身技术优势，对整个项目进行全面的技术经济分析与比较，本着功能完善、技术先进、经济合理的原则对整个设计进行优化。通过PMC的多项目采购协议及统一的项目采购策略，降低投资。

（4）规范工程管理和建设行为，提高对国家、行业和地方政府关于项目建设管理制度、标准规范的执行力，完善、细化项目管理工作，为项目的顺利实施奠定良好的基础。

（5）项目管理力量相对固定，能积累一整套管理经验，并不断改进和发展，使经验、程序、人员等有继承和积累，形成专业化的管理队伍。可将专业技能、经验和优势，形成统一、连续、系统的管理思路，有助于提高建设项目管理的水平。

（6）有利于精简业主建设期管理机构；可大大减少业主的管理人员数量，同时有利于项目建成后的人员安置。

2. 缺点

（1）对工程项目（咨询）管理公司的工程管理水平、能力和资质有严格的要求，若实际的工程管理水平、能力较差，就会影响项目目标的实现，目前国内好的、能力强、水平高的工程项目（咨询）管理公司较少，与国外工程公司比有较大的差距，缺乏定量分析的手段及法律、保险和税收方面的专业人才。

（2）业主对项目的控制力较弱，对工程造价、质量和进度的控制影响力降低，主要依赖项目管理承包人控制，如果管理承包人主动性、积极性不符合要求，则容易发生管理争端，并可能导致项目管理的成败。

（3）建设项目业主通过管理单位实施项目的目的，建设项目业主有关工程意见和要求需通过项目管理公司才能得以实现。业主意图实现较为困难。

（4）付给工程项目（咨询）管理公司一定的管理费用，管理成本高，且项目管理公司项目费用控制的理念尚不及投资主体本能意识。

（三）业主方与项目管理（咨询）单位合作进行项目管理

1. 优点

（1）业主把项目管理的日常工作交给专于此道的项目管理承包商，自身可以把主要精力放在项目专有技术、功能确定、资金筹措、市场开发及自身核心业务等重大事项决策上；项目管理公司根据合同承担相应管理责任和风险，业主的责任和风险得到有效分解。

（2）业主和项目管理承包商通过有效组合达到资源、管理和技术优势及特长的最优化配置，业主可以达到项目定义、设计、采购、施工的最优效果，同时又保持业主对项目执行相对控制力和决策力。

（3）一体化管理实施合同约束加行政协调的管理机制，相对委托管理公司，避免了项目管理层次的减少，信息沟通更方便，同时也克服了大型项目自行管理带来的合同界面多，管理任务量大的缺陷。

（4）在项目管理中，一体化管理决策、经营和监督相互依存、相互制衡，形成一个有机的整体，共同服务于团队运行、满足业主的需求；确保大型项目总体质量系统和程序；确保设计的标准化、优化及整体性；确保工程采购、施工的一致性。

（5）参与各方在认识上统一，在行动上采取合作和信任的态度，共同解决问题和争议。共享资源，甚至是公司的重要信息资源，业主可以直接使用管理承包商先进的项目管理工具、设施。业主参与人员可以从项目管理承包商得到项目管理体系化知识。

（6）一体化管理，业主仅投入少量人员就可保证对项目的控制，即不需难于临时性找人，又不必考虑项目完成后多余人员的安置与分流问题，避免管理人员增减的困惑。

2. 缺点

（1）问题的出现需要靠制度、程序解决情况较多，用行政命令方式情况较少，尚需建立项目管理科学管理体系，包括一套完整组织机构及职责、制度、程序、规定等。

（2）管理界面复杂，协调工作量大，由于程序规定导致决策周期较长。

（3）对工程项目（咨询）管理公司投入一体化团队的人员素质、专业技能、经验及管理水平和业主统筹、决策能力有较高的要求，若实际的较差，就会影响项目目标的实现。

（4）此模式往往采用矩阵式组织结构，有可能产生接口不明确或交叉，信息传达欠畅通。

三、各种项目管理组织模式的适用的情形

（一）业主方自行项目管理

1. 业主已形成完善的专业化项目管理机构，具有丰富的项目管理、技术方面的知识、经验和人员，完全有能力进行项目管理时，可自行进行项目管理。

2. 长期投资建设的业主，因为要不断地进行工程建设，在工程建设中取得了丰富的工程项目管理经验，拥有一定技术力量的专业人员，且业主与参与各方的长期合作基础，有连续的建设工程作保证。

3. 技术不复杂、难度不大、工程规模较小、工期较短的项目。

4. 涉及国家安全或机密的工程、抢险救灾、高科技及专利、专业性较强的工程。

（二）业主方委托项目管理

1. 业主无建设工程项目管理机构，不具有项目管理、技术方面的知识和人员。

2. 业主缺乏建设工程项目管理经验，管理力量不足的项目。

3. 工艺多而复杂，业主对这些工艺不熟悉的项目。

4. 技术有一定的难度，中型或大型规模以及工期较长的项目。

5. 外国政府、国际性投资公司、世界银行、亚洲银行投资贷款的中、大型

项目。

（三）业主方与项目管理（咨询）单位合作进行项目管理

1. 业主不具备较强的项目管理、技术方面的知识和人员，缺乏大型建设工程项目管理经验，管理力量不足的项目。

2. 技术复杂、难度大、大型或特大型工程规模和工期长的项目。

3. 复杂的不确定因素较多的工程。此类工程往往会产生较多的合同争议和索赔，容易导致业主和施工单位产生矛盾，甚至纠纷，影响整个建设工程目标的实现。

4. 外国政府、国际性投资公司、世界银行、亚洲银行投资贷款的大、特大型项目，常常有外国承包商参与，合同争议和索赔经常发生而且数额较大。此类工程采用合伙模式容易为外国承包商所接受并较为顺利地运作，从而可以有效地防范和处理合同争议和索赔，避免仲裁或诉讼，较好地控制建设工程的目标。

四、在微观方面优化改进业主项目管理组织模式

（一）自行项目管理模式

业主管理能力存在偏重和强弱，可采用缺什么补什么或咨询什么；业主所有管理组织人员加强建设工程法律法规、技术、经济、管理知识学习，转变思想观念，不断改善许多固守传统的工作方法，提高管理水平和效果。

1. 业主建立与项目管理相对应的，完善的组织机构和项目管理体系。需要有社会化和专业化的项目管理资源补充；业主自行管理有少量缺陷或个别条件不具备时，业主组建工程管理机构，可聘请专家或咨询公司协助其进行管理。

2. 如对较早投资、周期要求短项目而言，业主可采用委托设计、采购、施工总承包方式，以便合理交叉规划、设计、施工三个环节的时间。

3. 对于一次性的规模大、技术复杂、工期长的建设项目，建议采用第二种或第三种模式；对于长期进行工程建设的业主，可建立和培养高素质的专业工程管理队伍；招聘专业技术带头人、项目负责人以及有技术、懂法律的复合型人才。

4. 建立工程建设的风险保障制度，转移业主项目管理风险。

（二）业主方委托项目管理模式

转变业主对社会化和专业化项目管理公司建设项目管理思想的观念，选择优秀的项目管理公司，强化业主对项目的控制力，并对项目管理公司施加项目建设投资理念。

1. 慎重选择项目管理公司，对工程项目（咨询）管理公司的工程管理水平、能力和资质有充分的调查、掌握，重点在有没有 PMC 方面的能力、水平及工作经验，对项目的执行所需的整体规划的超前性和主动性的程度。

2. 深度界定业主与项目管理公司造价控制、质量控制和进度控制、合同管理、安全管理、信息管理及协调方面的权利、义务和责任。明确业主对项目的控制影响力。

3. 通过细致的全面的工作，将业主建设工程的意识和具体意见传输给项目管理公司，以真正实现投资主体本能意识。

4. 合理分摊业主和项目管理公司项目管理风险。

（三）业主方与项目管理（咨询）单位合作进行项目管理

随着建设工程日趋大型化和复杂化，得到全方位、全过程的一体化项目管理成为新的发展趋势，这种模式关键是完善项目运行管理体系、资源配置、信息沟通方面上的具体建立和深化，以达到比较理想的建设工程项目管理组织。

1. 完善项目运行管理体系，建立系统的项目管理工作手册和工作程序，完善项目各职能及接口的管理制度和工作流程，使工程项目做到有章可依、有流程可循，保证项目的各项工作按质按量地顺利运行。避免管理界面影响各项工作的效率。

2. 优化项目实施的资源配置，准确配置具有一定统筹及决策能力、专业技能、经验、管理水平的一体化团队的人员，达到合理的结构。在项目管理过程中，可对标准设备配件、大宗材料、混凝土集中预拌、大型设备吊装等采用统一采购管理，既能保证一定的质量，又能节约一定的费用。

3. 选择优秀的工程项目（咨询）管理公司，找出合作后存在的缺点并弥补；配置技术、管理人才，不断进行学习和项目培训。

4. 在采用矩阵式组织结构中，应多口协调，保证信息上传、下达能够非常及时、迅速；加强与外界的沟通与协调，明确与相关部门、单位的协调接口，大大地提高解决问题的效率；同时建立专门的项目管理计算机统一系统。

五、推动业主项目管理组织模式的宏观改进

（一）将工程项目业主方的管理组织模式纳入市场准入的范围

健全工程项目业主方的三种管理组织模式相关法律、法规，限定业主三种项目管理模式资质、条件，引入市场准

入制度，把业主的建设工程项目管理纳入市场准入法规调整的范围，调整业主管理主体和人员，制订在部门规章中或者地方法规；确保建筑市场的规范性和有序性，填补现行对业主市场准入制度的空白。这也是我国项目法人制实现的强有力保证。

纳入市场准入重点应在业主方的项目管理组织的机构和人员素质要求，必须确保项目顺利建成的必要条件，这也是提高业主方管理人员素质或吸入其他各方主体取证人员的重要举措。

（二）制订标准、规范

建设行政主管部门和相关部门制订业主方三种项目管理组织模式的内容，程序、职责、权利的规定或者标准、规范；制订三种模式的合同示范文本；避免业主方管理、任务承担承包管理的内涵存在误解，以及选用模式有较大的随意性和盲目性。

（三）政府给予大力支持与指导

对委托项目管理或合作的业主提供办理各项手续的便利和考虑适当予以各种优惠的措施。提出取费上奖励政策措施。考虑给独立承担或合作的项目管理企业明确税种、税率的鼓励政策。

就工程项目业主方的管理组织模式选择专门下发支持与指导性文件，给予支持引导，并有计划有目的地安排一批项目试点，按阶段及时召开现场会和研讨会，进行有力的宣教，并适时解决出现的问题。对现有的一定规模的监理企业要积极调整经营结构、增加综合实力、加大引导和扶持。

（四）加强项目管理组织模式的研究和推广

高度重视工程建设业主方项目管理模式的理论研究，政府牵头，有关行业协会、高等院校和工程建设研究机构本着本国实践—本国理论—借鉴外国经验—再理论—再实践方法加强对项目管理组织模式的研究和推广；为进行项目管理的培育和改造奠定了较好的理论基础和社会环境；从而提高我国工程建设项目管理的整体水平。

六、结语

建设工程项目管理组织模式选择，可以一个模式直接使用，或混合使用；选择时需要充分考虑工程的阶段性和专业性等特点，根据投资方的要求，在不同的阶段，不同的项目，不同的专业，可以选择不同的项目管理形式，但不能照搬套用。

近年来，随着工程项目建设的进一步发展，特别是项目向建设规模大型化、建设内容高新化、管理好和技术多层次化方向发展，简单的项目管理已逐渐不能满足工程建设的需求，应向进度、质量、安全、投资、合同、信息、设计、采购等深层次、全方位的项目管理转变已经是大势所趋、势在必行。由此必然需要对三种业主方的项目管理组织模式进行改进。

改进的方法，微观方面，优化改进采用的业主项目管理组织模式，发挥优点，采取必要的措施改正三种业主方项目管理组织模式的缺点，弥补其不足之处；宏观上，在法律、法规、标准、规范制定措施，尤其是市场准入制度考虑，加强业主方市场管理；引入政府支持和指导，深化项目管理组织模式的研究和推广；通过进一步举措以推进工程建设体制有效变革，提高建设工程项目管理水平，使工程建设上一个新台阶。

参考文献：

[1] GB/T 50326-2006.建设工程项目管理规范[S].北京：中国建筑工业出版社，2006.

[2] 王东升.PMC项目管理模式及其应用研究[J].北京：北京交通大学学报，2005.

[3] 邵予工.IPMT+EPC+工程监理管理模式在中石化的应用.

大型商业中心工程中项目管理与监理一体化服务

武汉工程建设监理咨询有限公司　周国富

摘　要： 文章通过实践分析了大型兴建工程中（尤其是大型商业中心工程）实施工程监理与项目管理一体化服务的优越性，以及在实践工程中的各自职责划分与服务措施。

监理企业刚开始接触项目管理服务，除两端业务外，施工阶段的项目管理服务内容几乎和监理服务内容名称上差不多，都是“三控制”（质量、进度、投资）、“三管理”（安全、合同、信息）和一协调（组织协调）。通过十多年的摸索、实践，尤其是在武汉两个超大型商业中心兴建工程监理和项目管理一体化服务中，服务内容既有相同之处，更有侧重点不同，既有监督，又有合作。经项目管理部和监理部的精心策划和严谨的组织管理，最终均实现了业主满意的目标。正因为有了第一个“销品茂商业中心”（单体商业城 20 万 m^2）工程监理和项目管理一体化的服务成功经验，又一个“奥山世纪城”（裙楼商业城 18 万 m^2、裙楼以上五栋塔楼为高层商住楼共 30 万 m^2）的业主慕名找上门委托承担工程监理和项目管理一体化服务。

从十多年的工程项目管理服务实践看，到底是工程项目管理服务和工程监理分开服务好？还是两项一起服务的一体化服务好？从以上实践尤其是超大型工程的兴建得出，还是以工程监理和项目管理一体化服务为好。

一、熟悉程序，发挥优势

1. 为监理打好基础

虽然是一体化服务，由于项目管理服务一般先于监理服务，再加上业主多数要求配备两套班子，所以工程开始之前项目管理服务已经开始。

像“奥山世纪城工程”在设计阶段项目管理部就介入了咨询，所以设计过程比较了解，而且招标过程发生的有关问题、前期建管部门办理手续的情况、现场“三通一平”、勘测数据、地质状况、周边环境等，由于项目管理部既懂监理程序又与监理一家人，待监理进场时，毫无保留一一向监理交底，并告之应注意的事项。所以在图纸会审时，与监理一同提出了二十多个与施工标准、规范、环境等冲突矛盾问题，使设计、施工、业主方大为满意。而且监理进场后，很快进入了角色，克服了大型工程刚进场时混乱的场面。

2. 不需磨合期

从事监理的人都知道一般情况下监理进场后一段时间与业主都存在磨合期。有的业主什么问题都喜欢表态，大小事都喜欢指指点点，生怕权利被人夺走；有的业主什么事都推给监理，涉及业主应该表态的事情一拖再拖等。待矛盾越来越大，再由双方单位领导或调换监理来处理时，已经影响了工程进展。

而实施项目管理与监理一体化服务的工程，就不会出现以上那些情况，双方一般都配合默契，不需要磨合期。

3. 利益都兼顾

监理一般受雇于业主从事服务工作，又要按国家规定站在公正、中间立场来处理业主与施工方的诉求。当业主即不懂监理程序，又比较蛮横无理时，往往会使双方产生更大矛盾，大多影响工程的进展。

当业主请了项目管理来服务时，项目管理部既站在业主立场上，又懂监理程序，再加上与监理一体化服务，许多问题可积极与监理、承包方协商，尽量使问题能得到妥善处理，使双方利益均照顾到。

在日常施工中，项目管理部代表业主对设计方、监理方、施工方、材料设备方有一个监督的问题。像督促施工方落实设计变更，及时发现施工是否按图施工，所使用的材料、设备是否按图纸及甲方规定落实。还要督促检查监理完成主要材料、设备的见证取样工作，完成各分部、分项、检验批的验收。通过以上各项工作，防止业主利益受到损害。

4. 团队精神

项目管理服务合同是公司与业主签订，既代表公司来实现业主交给的任务，又代表业主督促各参建方完成业主与各方签订的合同。当与监理一体化服务，又同时代表监理公司来服务于业主，这更体现一个团队精神。所以项目管理和监理双方处理任何一件事情时，都会考虑团队精神。

在图纸会审、施工方案审查、材料报验、检验批与分项工程的报验，以及质量、进度、投资等各项工作中，项目管理与监理部都在发现有关问题，由于发扬团队精神，处处互相交流、提醒、互相补台，使许多问题都能尽快得到解决，既不会互相推责，又加快了工程进度，还避免了各参建方和业主的损失。

二、职责明确、重点突出

（一）划分职责

通常大家都认为项目管理与监理服务内容大同小异，都是“三控制”、“三管理”、“一协调”。实际上坚持一个总的原则：一是在涉及工期计划、费用的变更均由项目管理负责，二是现场具体日常工作，均由监理负责。

（二）重点突出

1. 项目管理负责

（1）设计方面

①补充完善专业设计

“奥山世纪城”工程空调、供配电、给排水、消防、虹吸排水分别由中南院不同专业的人员设计各专业管线走向；标高相互交叉，必须提供管线综合施工图，但一直未完成。为不影响施工，业主要求我部补充完善专业设计。我部进行了系统化处理，绘制了管线综合断面图，对交叉部位明确了不同专业管线的避让走向及标高，本着有压让无压、小管让大管的原则作了综合处理，并征得各专业施工方同意，交由设计院认可，使各专业安装施工顺利地全面铺开。

②对施工方深化设计把关

主要对弱电施工图、有线覆盖、无线覆盖、虹吸排水等的深化设计进行把关处理。

③设计变更

设计变更由于涉及费用变更问题，积极收集资料并签证，使投资增减有依据。

（2）招标方面

总包单位定了后，对尚未选定的几家专业公司积极协助业主、总包方按计划进行招标。

（3）计划方面

根据业主与各施工方签订的施工合同，制定了“奥山世纪城施工总进度主要节点控制暂拟目标计划”，用一个动态的计划系统来指导、组织、控制、调整整个项目。指导各施工方拟定各年、季、月进度计划，并在实施过程中检查、调整计划，以求达到业主预期的目标。

（4）投资方面

①用书面建议业主签订施工合同时，尽量采用包干合同。

②协助业主认真审核深化设计方案和图纸，把好扩大投资这一关。

③认真审核施工方提交的施工方案，防止施工方在审定的施工方案中计取额外的费用。

④对施工方报送业主方的函件，对不涉及费用增加的函件，只要不影响工程质量、安全、工期的，及时给予答复和回函；对涉及费用增加的，一律请示业主方有关负责人审查后，再按业主意见回复。

⑤对设计院和业主做出的设计变更，待走完流程后下达执行指令，要求施工方提出变更费用的申报材料，指令完成后进行验收方验证签证，做到投资增减有依据。

（5）监督方面

①我部收集业主与各参建方签订的合同，组织项管人员熟悉各自分管理专业的合同内容，与合同中约定的各种标准、规定、制度进行了解，并按合同对各单位实施监督控制。如在审核工程款时，要看是否达到付款节点、工期是否满足计划目标、质量是否合格、安全上是否发生较大事故等。凡不符合上述条件的，项目负责人不签付款意见，除非业主方事先告知的，可按业主方意见签署。

②督促和检查监理人全面履行监理的责任。项目管理部认真审查监理人

报送的监理规划、监理细则是否具针对性、完整性；检查监理人对施工组织设计（专项施工方案）的审核是否具有针对性、时效性、闭合性；检查监理人对施工单位的质保体系、安保体系的审查是否完善、具有符合性；检查监理人对分包单位资质的审查是否符合要求；检查监理人对工程安全管理（安全管理方案、机械设备审查、过程监督、整改回复等）的执行情况是否完善；查看监理质量评价意见书和监理月报是否及时，是否具有针对性、完整性；抽查旁站监理方案、平行检查记录的实施情况是否落实；抽查模板安装、拆除工程检验批，钢筋加工、安装工程的检验批，混凝土原材料及配合比设计、施工及现浇混凝土结构外观尺寸偏差检验批，砖砌体、填充墙砌体工程检验批的监理工程师检查记录是否真实完整；抽查分项、分部工程报验的情况是否符合要求。督促总监理工程师监督施工单位执行建设工程质量法规和工程建设强制性标准。以上之处，如有不妥，要及时向监理下达整改通知，督促监理全面履行监理的责任。

③抓住信息管理，通过各种信息的分析发现问题，及时监督相关单位纠正偏离目标的倾向。

2. 监理负责

（1）施工方案审核

（2）审核安全体系，查看人员证件

（3）主持监理例会、专项会议并形成会议纪要

（4）质量控制

①材料、设备报验，见证取样。

②巡视、旁站，发现问题及时纠正，较大问题下达监理通知单并督促整改。

③主持各检验批、分项、分部工程验收。

④记录监理日志、旁站记录，每月报监理月报。

（5）进度控制

根据进度计划进行落实、检查、控制、纠偏、调整。

（6）投资控制

①重点在完成和合格的工程量计量。

②审核预算。

③签署支付签证。

（7）安全管理

①审核安全管理制度。

②检查安全隐患并督促整改。

（8）合同管理

（9）信息管理

三、组织协调　齐抓共管

大型商业中心的兴建工程到了装修阶段，有大量的、不同的责任主体进入现场施工或开展工作，几十家甚至上百家装修队伍一齐上，都要抢在开业时完成装修任务。到了此时他们之间存在大量的交叉点和结合部，会发生相互干扰、互相约束，甚至造成损坏和返工。这就要项管和监理进行大量的组织协调工作。

（一）项目管理部重点在宏观的管理

1. 规划设计

（1）分区计划

商业、餐饮、娱乐尽量做到分区规划，不能由商家自主选择地段，因商业性质决定各区域的标高不一，因此会造成管线无法安装到位。

（2）相对集中

尤其是餐饮不能分散，不然会造成新增烟井要打楼板、屋面板，结构砌体处理，带来的问题是裙楼屋面到处烟井林立，油烟净化、噪声处理都带来很大的问题。而且要远离住宅塔楼，避免住户提意见，减少结构拆除改造浪费投资。

2. 物业要求审核

项目管理部对沃尔玛、电影院、冰场、麦当劳、肯德基等多家商户的户内结构、供配电、空调、排油烟、给排水、消防、电视电话网络等各项要求都进行审核，提供了准确的功能配置信息，并进行了大量商户修改要求的组织实施工作，尽量满足商户要求，确保尽早开业。

3. 制定控制计划目标

项目管理部首先制定总控制目标计划，各商家请的施工队再按总目标制定各自施工总进度计划、阶段计划、周施工作业计划，以便项目管理部分析和掌握施工方提交的施工计划与总控制计划是否有偏离，随时检查。

（二）监理部重点在微观，具体的落实、督促执行

1. 现场总调度；

2. 每天的计划落实；

3. 各商户之间的矛盾；

4. 安全隐患的检查，督促处理；

5. 文明施工。

在大型商业中心精装修阶段，由于商家太多，经营性质不同，造成施工状况不同，给管理带来极大麻烦，但由于项目管理和监理服务一体化，大家加强组织协调，齐抓共管，两大商业中心均按业主要求完成目标，按时开业。

综上所述，大型工程，尤其是大型商业中心的兴建，为了更好地帮助业主实现质量好、工期快、投资省，实施项目管理和监理服务一体化是较好的选择。

对委托工程项目管理与工程监理相互配合的思考

宁波高专建设监理有限公司　钟克力

摘　要： 本文分析委托工程项目管理和工程监理的性质差异，阐明了两者的工作内容和界面的区分，指出委托工程项目管理单位代表业主方履行工程监理合同中的相关约定，从而提出双方相互配合协调之建议，对工程项目建设实施行之有效的管理。

关键词： 委托工程项目管理　工程监理　协调配合

一、前言

随着我国社会经济的不断进步以及建筑业自身的发展要求，建设工程监理行业业务范围也在不断地扩展。有些工程监理单位开始涉足建设工程委托项目管理，也有的工程委托监理企业在承担工程监理业务时，实施工程项目管理。同时还有业主分别委托工程项目管理与工程监理时，两家企业共同为业主提供工程咨询服务，相互之间工作交叉重叠，有必要重视协作配合。否则，产生矛盾也是必然现象。笔者经历过从工程监理到工程项目管理的变化。通过近些年来的工程监理和委托工程项目管理的相关服务工作，逐渐加深了对工程项目建设管理工作的理解，对委托工程项目管理与工程监理间关系处理有一些想法与思考，现将一些浅见供大家分享。

二、了解委托工程项目管理与工程监理的性质差异

工程监理是工程监理企业接受业主的委托，根据业主需要监督工程项目施工建设，主要在施工阶段。实行工程监理曾经是国家的强制要求，现在个别地区或不同性质的项目有不同要求。工程监理的中心任务是协助业主实现工程建设的总目标，即工程项目的建设进度、质量和投资三大目标（现在也有提四大目标的，包括安全）。但通常以控制工程质量为主，包括工程材料的质量和施工建筑产品质量等。

工程监理注重工程项目施工建设过程中的微观管理，如检查施工现场工程质量，并确认实体质量是否符合设计、规范、文件等要求。

委托工程项目管理作为工程建设中业主的“管家”，站在业主的一方，代表业主管理工程项目建设的各个方面。从工程建设项目的立项、勘察设计、工程招标，再到施工阶段，以及竣工验收后交付、保修的监督管理。委托工程项目管理的核心是帮助业主通过管理项目的工期、成本、质量和安全等各个方面，实现工程建设总目标。

委托工程项目管理相对于工程监理而言较为宏观、全面。它更注重工程项目建设的规划、管理策划 、控制方法等。

为方便了解委托工程项目管理与工程监理在工作性质上的一些差异，以下列表比对，表中只以要素提示为根本，差异随社会发展或地区差异肯定有不同的变动。

委托工程项目管理同工程监理对比表　　表

对比项目	委托工程项目管理	工程监理
管理依据	委托合同	相关法规及委托合同
工作职责	委托合同	相关法规及委托合同
法律责任	只承担违约责任	同时承担法律责任及违约责任
社会角色	支持或代理业主工作、利益同业主高度一致	公正第三方、承担相当社会责任
工作范围	建设全过程	施工阶段
工作内容	前期、勘察设计、合同、招标、现场管理等	主要为现场质量、安全、进度的监督与协调

三、区分委托工程项目管理与工程监理的工作内容与界面

工程监理现阶段多指工程施工监理，一般只在施工阶段介入，直到竣工。其主要职责是监督工程项目施工过程中的质量与安全，包括：施工图纸会审及设计交底、施工组织设计审核、工程开工申请、工程材料与半成品质量检验、隐蔽工程分项（部）工程质量验收、技术复核、单位工程与单项工程验收、工程签证、设计变更处理、组织现场协调会、施工现场紧急情况处理、工程款支付签审、工程索赔签审等。

委托工程项目管理代表工程建设业主管理工程项目建设的各个阶段。从项目最初的前期手续办理、勘察设计、工程招标、施工管理，到整个工程项目全部竣工交付、保修管理。其职责包括但不限于如下两个方面。

施工前期：工程项目的立项、选址、规划设计条件形成后，准备工程项目任务书；为业主所选用的设计顾问建立标准并对其进行管理，包括准备专业服务协议等；准备投资规划和投资估算，并在工程项目前期中报告成本控制方案；准备工程建设整体规划进度；就价值工程和项目可建性等事宜向业主提出建议，以最低的成本获取最大的收益；管理勘察设计进程与质量；与相关政府部门联络协商；制定工程招标及采购策略，策划总承包商的招标过程，与业主协商并推荐合适人选，并准备商业文档；整合合同文档，管理工程合同后协议的签订。

施工阶段：在施工期间协调和管理施工总（分）包商和各咨询单位合同的履行；控制工程成本、进度、质量和安全；组织工程项目管理会议；项目竣工管理。

委托工程项目管理和工程监理，两者工作内容上有界限，不太明显。委托工程项目管理更多工作集中在施工前期（当然也包括竣工后期）；工程监理则主要集中在现场施工期。一般认为委托工程项目管理是工程监理的延伸，工程监理服务向施工前、后延伸就接近于从事委托工程项目管理，而委托工程项目管理在施工中很多工作也依托工程监理实施，或者倾向于运用或借鉴工程监理手段进行管理。

四、对处理委托项目管理与工程监理相互关系的思考

委托工程项目管理与工程监理在施工阶段的质量、安全、进度、投资控制上有高度的重合性，并且基本的工作目标是趋同的。工程监理作为受业主委托的公正第三方，同时受到相关行业法规及监理合同的制约，工作成果同时向业主单位和社会负责；委托工程项目管理是受业主委托，代表业主行使委托项目管理权力，受委托工程项目管理合同制约，工作成果向业主单位负责。因此，两者之间的关系是：委托工程项目管理单位代表业主履行工程监理合同中业主

方的部分相关约定。

工程监理单位作为公正的第三方，实际上意味着它的部分权利是相对独立的。除了在工程监理合同中被赋予的相关权利外，现行的法律、法规、文件也向工程监理单位赋予了特定的管理权力。这部分权力不因业主单位授权与否而产生变更。而作为代表业主行使相关权利的委托工程项目管理单位，一定要意识到这部分权利的存在，不能越俎代庖，甚至对该部分权利的内容和范围也不能改变，只能是监督其是否越权或是否按照相关法律、法规行使权力。针对这种情况，委托工程项目管理单位要做的是大力支持和充分发挥工程监理单位在相应权限内的积极作用，帮助其落实对工程质量、安全监督管理工作，对于拒绝履行工程监理工作职责的，可以根据相关合同进行处罚或交由相关政府部门进行处理。

五、对委托工程项目管理与工程监理协作配合之建议

经过上面的分析，我们可以知道工程监理在施工阶段对工程质量、安全进行监督的权力，是相关法律法规授予监理单位的固有权利，是他人无法剥夺的。而目前委托工程项目管理存在的问题主要是缺少对工程监理单位进行有效管理的制约手段，既然委托工程项目管理单位在法律层面缺少一种制约办法，那只好把目光转移到合约管理上，毕竟除了法律规定的固有权利外，还可以依靠合同约定来进行制约。

这就需要委托工程项目管理单位做好如下两方面：一方面在起草业主与工程监理单位签订的工程监理合同时，应约定工程监理人员到位率、人员变更、请假制度、工作汇报制度等在相关法规赋予的工程监理单位权利以外事项的管理办法，以使其配合委托工程项目管理工作的合理要求。另一方面在签订业主与项目管理单位的委托工程项目管理合同时，应在合同专项条款内明确约定授予委托工程项目管理单位哪些权利，这些权利的一些条款可以具体化。因为这是委托工程项目管理的权利基础，缺少业主单位的明确授权，会让委托工程项目管理工作在一些问题上缺少具体管理手段。作为业主代表不可能把所有问题都提交给业主单位进行处理，最好的办法是委托工程项目管理单位自身拥有一定权利，当然这需要委托工程项目管理单位的积极探索和整个建筑行业的关注。

事实上，从工程项目施工阶段在质量、安全、进度方面对施工单位进行监督这一立场上看，双方的利益是高度一致的。在工程质量、安全方面出现问题，双方都是难辞其咎的，而双方也应注意到这样一点——施工单位才真正是现场质量、安全的第一责任人，想要做好现场的管控工作，其核心是双方共同加强对施工单位的行为的管控。因此，双方的焦点不应仅为发现对方工作中的不足，而是应共同致力于寻找到对施工单位进行有效管理的办法。在这一点上，明显是委托工程项目管理单位拥有更多可以利用的资源，而工程监理单位为了对施工单位进行有效管理，也必然要寻求委托工程项目管理单位的合作，从而实现双方共同进行有效的施工现场管理。

六、小结

综上所述，委托工程项目管理单位应充分认识到工程监理单位在施工阶段现场监督方面具有的影响力，同时也要看到委托工程项目管理单位与工程监理单位既是管理与被管理，又是相互合作的互惠共赢关系。只有明确这点，委托工程项目管理单位在开展工程项目管理相关工作时才能作到进退有度、有的放矢，才能更好地掌控施工阶段的项目管理工作。

监理企业开展工程项目管理服务的启示

哈尔滨工大建设监理有限公司　张守健　许程洁

摘　要： 项目管理作为近年来国家大力提倡的一种项目建设管理新模式，已引起业界的普遍关注。认识和学习这种工程管理模式，对促进我国建设工程管理体制和监理行业的改革具有重要意义。本文结合近年来开展的项目管理服务工作，从项目管理人员需求、服务内容、实施过程等方面进行总结，为今后继续开展项目管理工作提供借鉴。

项目管理作为一门学科，是从20世纪60年代以后在西方发展起来的。我国进行工程项目管理的实践至今有2000年的历史；但作为市场经济条件下适用的工程项目管理理论是1982年才引入我国的。由世界银行贷款的鲁布革引水隧洞工程进行工程项目管理取得成功，在我国迅速形成了鲁布革冲击波。1988~1993年，在建设部的领导下，对工程项目管理进行了5年试点，于1994年在全国全面推行，取得了巨大的经济效益、社会效益、环境效益和文化效益。2002年国家实施了《建设工程项目管理规范》(GB/T 50326—2001)，使工程项目管理实现了规范化。2003年2月建设部《关于培育发展工程总承包和工程项目管理企业的指导意见》(建市[2003]30号)和2004年7月国务院出台的《关于投资体制改革的决定》，提出了对非经营性政府投资项目加快推行"代建制"，即通过招标等方式，选择专业化的项目管理单位负责建设实施，严格控制项目投资、质量和工期，竣工验收后移交给使用单位。2006年国家修订实施了《建设工程项目管理规范》(GB/T 50326—2006)，2007年，因为"加速监理向项目管理过渡"的改革，相应的建设项目开展项目管理工作的也越来越多。

1. 开展工程项目管理服务工程简介

哈尔滨工大建设监理有限公司作为一家专业从事工程监理和项目管理的单位，早在2003年9月至2005年9月期间，就对哈尔滨海关综合楼工程、哈尔滨海关驻机场办事处综合业务用房工程开展了项目管理工作，取得了成功，受到了好评。

2007年8月承接了由体育场、体育馆、游泳馆、网球场四部分组成的建筑面积7.64万m^2，工程总投资为3.5406亿元的营口奥体中心的项目管理工作。

2009年对哈尔滨群力新区金鼎文化广场项目开展了项目管理工作。该项目总占地面积12万m^2，地上总建筑面积约15.5万m^2，采用框架结构，为黑龙江省文化产业示范区的核心部分，包括艺术品市场、关东风情街、山水书城、影城、公共休闲区、少儿体验中心等，体现"寒地水乡"的生态、节能特色，建成后已成为哈尔滨市新的旅游景区。

2011年为哈尔滨医科大学附属第

一医院群力分院工程开展了项目管理工作。该项目总建筑面积 10 万 m^2，其中地上建筑面积 85000m^2，地下建筑面积 15000m^2。

对这几个项目，基本上都是开展了下面的项目管理服务工作：

（1）完成项目前期所需报建手续。

（2）开展项目招标采购的基础性工作。

（3）根据授权，依照国家法律、法规和规章的有关规定及相应合同约定，代表建设单位对项目建设质量、工期、投资、招标采购、安全等方面，对各参与方实施全方面、全过程控制与管理。

（4）协调项目建设的内外部各方面关系；创造、维护与完善项目建设与施工条件。

（5）组织竣工验收，协助建设单位及其委托的审计单位办理工程结算号权属登记。

（6）完成了建设单位委托的其他工作。

当然，这几个项目最终都实现了相应的质量、投资、工期等目标，达到了控制投资、提高投资效益和管理水平的目的。

2. 项目管理机构设置

根据与建设单位签订的项目管理委托合同，对相应的项目组建工程的项目管理部，设立包括项目经理、土建工程师、水暖工程师、电气工程师、造价工程师、市政工程师、计划工程师、软件应用工程师、文秘人员等在内的工程管理部、合约管理部、协调管理部，一般的项目管理组织机构，如图 1 所示。

在具体实施过程中，项目管理部的人员根据工程的实际进展情况实行动态按需配备；最多时由土建、水暖、电气、市政、造价工程师和项目管理专业工程师，以及文秘人员等 10 多人组成项目管理班子。公司非常重视该工程的项目管理工作，公司副经理长期亲自坐镇现场指导全面工作，并亲自抓项目的招投标前期准备和管理工作。此外，另派一名有二十多年甲方管理工作经验的土建高级工程师负责主持项目管理部日常工作；在主体结构、装饰装修等不同阶段分别配备了有经验的工程师，对其项目进行全过程的管理；对重大事项决策另行组织有关专家参与方案论证、审查，为决策提供依据。

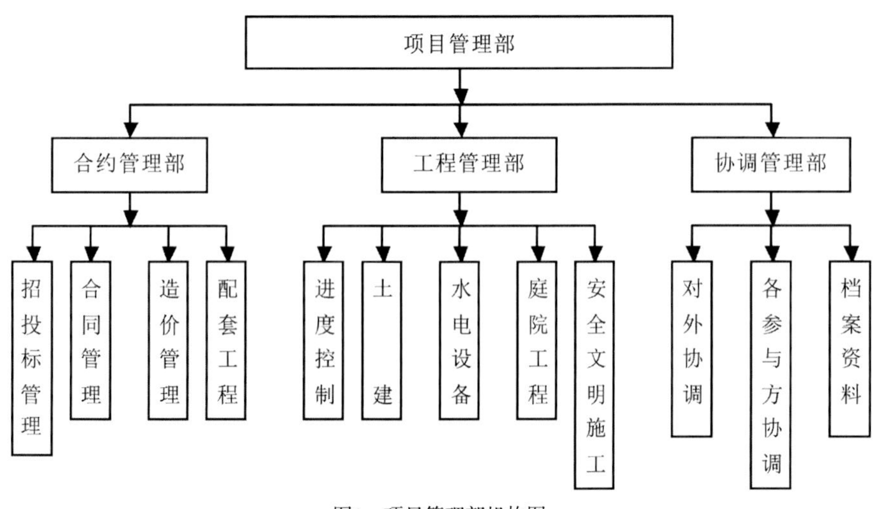

图1 项目管理部机构图

3. 项目管理工作内容

根据委托合同约定，项目管理工作主要内容为：协助确定项目建设目标、项目功能定位和设计标准，提出项目建设的技术建议；组织项目建设的优化设计；协助建设单位组织进行工程承包方、材料、设备供应商的招投标工作；负责项目建设全过程、全方位管理，包括进度控制、质量控制、投资控制、合同管理、信息管理、安全和文明施工管理，以及项目建设的组织协调工作；组织工程项目的竣工验收和试运转，并向建设单位办理移交手续；负责协助审核项目建设工程竣工结算；实施项目后评价。

项目管理服务期限是从开工之日起至工程竣工。工程质量等级要求达到一次验收合格。

4. 项目管理实施中的主要工作

（1）工程招投标工作

从合同签订后，协调管理部的人员就立即投入到工作中，在最短的时间内协助建设单位组织实施包括招标文件编制、发布招标公告、招标答疑、开标、评标等各阶段的工程总包、分包和材料、设备等的招投标工作，促使建设单位选择了较好的总承包单位、相关的分包单位和相应的材料、设备供应厂商，从参建主体队伍方面保证了项目的顺利实施。

在大宗材料和设备采购上，同样自始至终地坚持了以招投标方式优选各类材料及设备的做法。

从队伍选择到材料设备选定的招投标过程中，不仅优选了队伍、材料及设备，同时为建设单位节省了大量建设资金。哈尔滨海关综合楼工程节约建设资金近800万元。此外，代表建设单位同相应的设计院进行有关技术变更的联系与沟通协调工作；代理建设单位完成了设计变更、有关设计方案审查认定工作。

（2）日常管理工作

①抓好源头基础性工作，严把事前控制关

工程施工前项目管理部人员首先熟悉图纸，相关规范、标准、工艺要求，以掌握重点内容、部位，关键程序及要求，做到心中有数；其次对关键部位进行事前内外部相关人员交底，及时审查施工方案的可行性，施工技术可靠性和施工工艺的先进性，保证施工组织管理，施工操作、监管有依据、有尺度、有目标，规范各自的主体行为，保证工作质量及工程质量。

②坚持按程序组织施工，把好施工过程的工程质量、安全关

施工程序是建设活动的自然规律，在按程序施工上，我们始终坚持原则。材料未经检验合格不得使用，在不具备施工条件时坚持不得盲目施工。

从项目施工开始，就确定了“一次验收合格，争创三市金牌”的质量目标，健全了各级质量保证体系。施工阶段质量控制是工程项目全过程质量控制的关键环节，工程质量优劣很大程度上取决于施工阶段的严格控制。工程质量控制，实际上是组织参加施工的各承包单位按图纸、合同和现行规范、标准等进行建设，并对影响质量的诸因素进行监测、核验，对差异提出调整、纠正措施的监督管理过程，这是项目工程管理部的一项重要职责。

施工中强调把监理对施工过程质量控制作为重点控制内容。每个阶段、每个时间段管理人员都及时地进行监管、巡视，突出重点问题，关键问题的解决，发挥好监理、总包的主导作用，使质量、进度、投资、协调等工作顺利进行，并达到目标要求。

无论是主体框架、楼面钢筋绑扎、综合布线、混凝土浇筑，还是各专业工程安装及高级装修全面铺开阶段，通过及时分析、理顺工序间的关系及考虑施工上的方便和工期要求等，指导合理安排施工顺序，彻底解决了交叉作业、快速施工的矛盾，并对已完工各类成品质量进行了很好的保护。

每周项目管理部会同设计、监理、施工单位召开工程例会，对工程中发生的质量、进度、签证、安全文明施工等问题进行通报，限期整改服务的这几个工程至项目完成时未发生安全事故，确保了施工安全顺利实施；而且有的工程项目获得安全文明施工样板工地和沈阳、长春、哈尔滨三市建筑安全联检工程银牌，以及获沈阳、长春、哈尔滨三市优质工程金杯奖（金牌评比哈尔滨市第一名）。

③采取各项措施严格控制工程投资

项目管理部采取各项措施积极控制工程投资。在工程实施过程对各种现场签证和材料价格进行审定，严格要求监理单位对发生的工作量进行复核；对市场价格进行询价比价，为业主把好资金关；协助审核项目建设工程竣工结算。如其中一个工程项目的室外供电方案，经过我们电气工程师的计算复核，将原方案中的两个800kVA箱式变压器改为两个630kVA箱式变压器，节约了100多万元；严格审核设计变更和控制现场签证，节省了将近300万元左右；整个工程优选队伍、材料、设备，到优化设计方案、严格审核设计变更和控制现场签证，为建设单位节省了建设资金近800万元。

5. 结束语

目前建设监理主要是在对施工阶段进行监理，设计阶段和招标阶段的建设监理尚不成熟，因此较少实施。10年来公司开展的项目管理服务工作，为业主提供了全过程和全方位的社会化、专业化项目管理服务，使得项目能够按期、保质、顺利地得到实施。

通过实施项目管理工作，公司不仅充分发挥了公司的人才、专业和技术优势，积累了宝贵的经验和培养了人才，也获得了各建设单位的好评，为公司今后的发展开辟了新的方向。

监理公司不能仅仅满足于监理业务，要充分利用公司的现有人才和经验，为建设单位提供更多的服务。所以开展项目管理工作有着良好的发展前途，是监理公司今后发展的新方向。

可以说，我们对上述工程开展的项目管理工作是成功的、顺利的，建设过程阶段性目标、总体目标及最后验收交付使用目标都一一得以实现，这得益于各建设领导单位的充分授权、各参建单位的全力配合与协同工作。

上海虹桥商务区基坑群施工风险管理实践

上海建科工程咨询有限公司　纪梅　王蓬

摘　要： 上海虹桥商务区核心区建设项目体量大、建设密度高，各项目基坑单体开挖面积大、深度深，且相邻基坑距离较近，为该区域内基坑群的安全施工带来较多风险。本文立足于政府层面，针对虹桥商务区核心区特点，通过编制总控计划、制定风险跟踪管理制度和相关文件审批审查制度，建立起基坑群施工风险管理模式，并运用项目实例，对该模式进行详细阐述。

关键词： 深基坑　施工管理　层次分析法　模糊综合评判法　风险等级

一、引言

基坑群施工相对单个基坑而言，施工风险更大；基坑群项目参建单位众多，协调管理难度更高。由于深基坑事故带来的工期、经济损失，人员伤亡和社会负面影响巨大，因此如何有效地对深基坑施工安全进行把控，成为科研学者和工程技术人员关注的重点。

黄宏伟对基坑工程风险管理进行研究，主要阐述了基坑工程风险管理理论、流程和风险评估方法；周红波、钱健仁、冯燕华从不同的角度对基坑工程风险进行分析，建立风险管理流程和模式，并提出相应的风险控制对策；田水承、赵民、刘翔从各参建单位和建设监管部门承担的安全责任出发，分析了基坑工程事故中的组织管理风险因素。

以上均是对单个基坑工程风险管理进行研究，目前针对基坑群整体施工风险管理的研究较少。沈健采用三维数值模型对基坑群开挖过程中相邻基坑之间的影响进行了分析，仍是侧重于某两个单独基坑的风险分析。本文以虹桥商务区核心区为背景，针对该区域基坑群特点，建立基坑群施工风险管理模式，制定相应的管理制度和工作流程，并通过实例对该风险管理模式进行说明。

二、区域概况

虹桥商务区核心区共有31个出让地块开发建设工程和供能管沟工程（一期和二期）、21条核心区（一期）地下通道工程、虹桥枢纽市政配套工程18标道路工程、核心区（一期）空中廊道公共段人行天桥工程、核心区（一期）公共绿地工程等政府投资建设的公共配套设施项目。核心区内出让地块开发总建筑面积达585万m^2，其中地上建筑面积340万m^2，地下建筑面积245万m^2，共352栋建筑单体；包括商务办公、会议展览、商业、住宅、文化娱乐等多个项目功能，社会投资总额900多亿元。核心区各出让地块开发建设项目分布位置如图1所示。

图1　核心区各出让地块开发建设项目分布位置示意图

三、工程重难点

虹桥商务区核心区建设项目体量大、建设密度高，给各工程建设施工带来较多的技术和管理重难点。

（一）技术重难点

（1）基坑单体开挖面积大（1 万 ~2 万 m^2，最大为 4.62 万 m^2），深度深（地下三层，15~18m），围护形式多样（包括地下连续墙、钻孔灌注桩、工法桩、重力坝、二级放坡等），几乎所有基坑紧贴用地红线开挖。

（2）大的地块分为几个基坑分区（一般为 3~6 个，不包括为了地铁保护进行的基坑分区）进行开挖，某些地块由两家施工单位施工，相邻基坑之间的施工工序、工期协调问题较多。

（3）周边环境复杂。每个地块基坑距相邻基坑较近，最近为 10~20m。政府投资项目穿插于各地块项目之间，与各地块基坑有交叉界面，或位于基坑开挖影响范围之内，如地下通道两端与地块相接；局部区域管沟距基坑边线很近，约为 1~2m；部分管沟工作井与地块基坑共用围护；04 地块基坑围护距地铁 2 号线区间端头井约 6.55m 等。部分地块基坑紧邻办公楼和住宅小区。

（4）各地块基坑和政府投资项目处于动态施工状态，各项目需根据周边项目的情况进行自身施工调整。过程中也不可避免地会出现占地腾地、交通组织协调、工期协调等问题。

（二）管理重难点

（1）开发建设项目集中，地下和地上工程量巨大，各出让地块和公共配套设施项目施工时，相互间的影响较大。

（2）虹桥商务区属于上海市政府重大考核项目，每年市政府对虹桥商务区核心区的形象建设进度均有考核要求，在土地出让合同中，也对各地块的施工进度进行了明确，各建设项目的工期比较紧张。

（3）核心区包括 31 个出让地块开发建设工程，以开发商自行建设的模式进行，投资主体多元化。当开发商自身利益与虹桥商务区总体建设要求存在差距时，会产生较多的协调问题。此外，政府投资建设的公共配套设施项目穿插于整个核心区的开发过程中，其与出让地块项目之间的协调难度也很大。

（4）项目参建单位及相关的监管部门众多，如何协调各项目参建单位之间、项目参建单位与其他监管部门之间的工作，成为该区域管理工作的重点。

四、基坑群施工风险管理模式

为了从整体上对虹桥商务区核心区基坑群施工风险进行把控，虹桥商务区管委会（以下简称管委会）与由上海建科工程咨询有限公司专家和相关人员组成的安全管理咨询组（以下简称安全管理咨询组），从基坑群施工安全总控计划和设计施工文件审批审查两方面入手，确定管理组织架构和各单位职责，制定了相应的管理制度和工作流程。

（一）组织架构和职责分配

决策层：管委会，负责基坑群安全总控计划和重点区域风险评估报告的审核、各地块项目对总控计划实施情况的跟踪检查、各地块项目领取基坑开挖施工许可证和基坑工程正式施工前相关文件的审批审查、各地块项目施工安全问题的协调处理。

安全管理咨询组：外聘技术专家成立专门的咨询团队，负责总控计划和重点区域风险评估报告的编制，同政府单位一起跟踪检查总控计划的实施情况、审核各地块项目领取基坑开挖施工许可证前的设计施工等技术文件、对基坑正式施工前编制的施工方案进行评审、协调处理各地块项目的施工安全问题。

执行层：各地块项目建设单位，负责总控计划和风险分析报告中风险控制措施部分的具体实施，汇总整理领取基坑开挖施工许可证所需的相关文件，基坑正式施工前将施工方案向政府单位进行汇报，并同施工、监理单位一起做好基坑施工过程中的安全管理工作和与其他地块项目的沟通协调工作。

基坑群风险管理组织架构如图 2 所示。

（二）工作任务及流程

基坑群风险管理模式中的工作内容主要包括两个方面，一是基坑群施工安全总控计划编制、实施情况跟踪，重点区域风险评估和基坑风险协调处理；二是各项目领取基坑工程施工许可证和基坑工程正式施工前相关文件的审批审查。

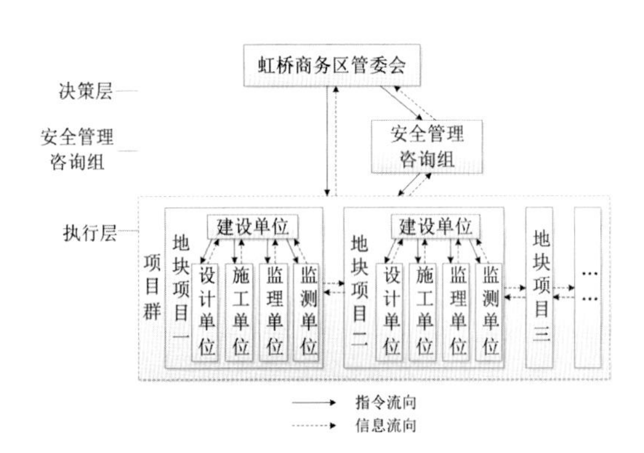

图2　基坑群风险管理组织架构图

（1）基坑群施工安全总控计划编制

总控计划是在管委会办公会议上通过，为虹桥商务区核心区基坑群施工风险管理的纲领性文件。编制过程中需要与管委会和各项目参建单位进行大量的沟通，完成较多的资料汇总和整理分析的工作。

安全管理咨询组通过了解管委会对各地块项目的施工进度要求及各地块项目自身的施工进度安排，依照基坑开挖“错开、错时、错位”的原则，确定各地块项目桩基围护施工完成、基坑开挖、基坑底板浇筑完成、基坑出 ±0.00、主体结构封顶、竣工验收等六个施工进度节点，形成安全总控计划，并下发至地块项目单位予以执行。根据工程的实际进度情况，安全总控计划每半年进行一次修编。

总控计划还对每两个月核心区内基坑群的整体风险情况进行分析，划分出重点关注区域、中等关注区域和一般关注区域，并对重点关注区域提出相应的风险控制措施。

（2）安全总控计划实施情况跟踪

总控计划作为纲领性文件，其是否得到有效落实是实施基坑群施工风险管理的基础。为了保证总控计划的顺利实施，调集虹桥商务区各方面资源，解决基坑工程中的风险问题，管委会和安全管理咨询组制定了每月中旬一次的核心区在建工程安全、质量管理与施工进度推进月度例会和每周工地例行检查的工作制度，跟踪各地块项目安全总控计划的实施情况和施工安全管理情况。除此之外，安全管理咨询组每月月底制作核心区已开工地块施工情况汇总表，将各项目当前的施工进度和安全文明施工情况上报管委会。

（3）重点区域风险评估

根据总控计划和当前阶段地块项目的实际施工情况，预判该阶段核心区内的重点风险区域。针对该区域特点，由安全管理咨询组编制风险评估报告，提出风险控制措施。该报告向管委会汇报后，下发至相关地块，供地块参建单位在施工安全管理过程中参考。

（4）基坑风险协调处理

各地块项目需将基坑施工过程中的监测数据上报安全管理咨询组和管委会。当基坑监测数据发生较大异常时，管委会将组织各地块项目参建单位、安全管理咨询组及相关专家开展讨论会，商讨控制措施；若该基坑风险的出现与周边相邻项目有关，管委会将同时邀请相关项目各参建单位参与讨论会，协调解决各方需做出的风险控制措施；若一次讨论会未完全解决问题，管委会将会组织召开后续的讨论会。

（5）领取基坑开挖施工许可证前的文件审批

各地块项目在办理基坑开挖施工许可证之前，需将基坑安全性报告技术评审意见、审图合格证、施工方案评审意见、施工组织设计、监理大纲等技术文件交至安全管理咨询组进行审核，审核通过后签发技术文件审核流转单；建设单位将其他手续文件和技术文件审核流转单交至管委会，管委会审批通过后发放基坑开挖施工许可证。

（6）基坑正式施工前施工方案的评审

各地块项目基坑工程正式施工时间与其设计方案通过科技委评审时间有较大差距，在该时间段内基坑周边环境发生了很大的变化。为了保证基坑开挖施工方案的科学性和合理性，在各地块项目基坑正式施工前，管委会将组织安全管理咨询组、各参建单位进行基坑开挖施工方案的汇报，管委会和安全管理咨询组提出改进意见，明确对周边其他项目和环境的保护要求，施工方案按照要求进行完善后，方可进行开挖施工。

以上工作任务对应的工作流程如图3、图4所示。

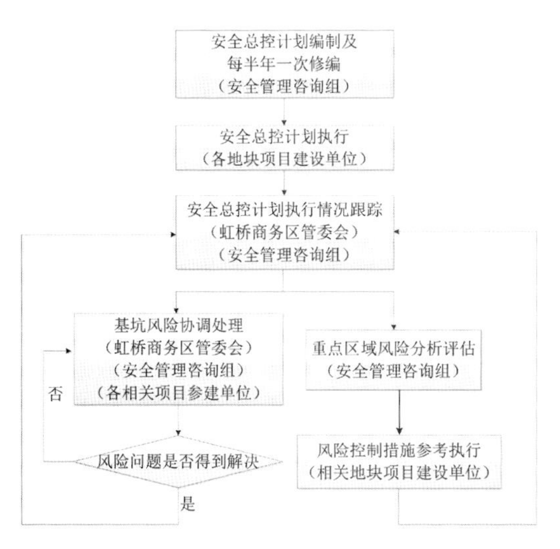

图3　基坑群施工风险管控流程

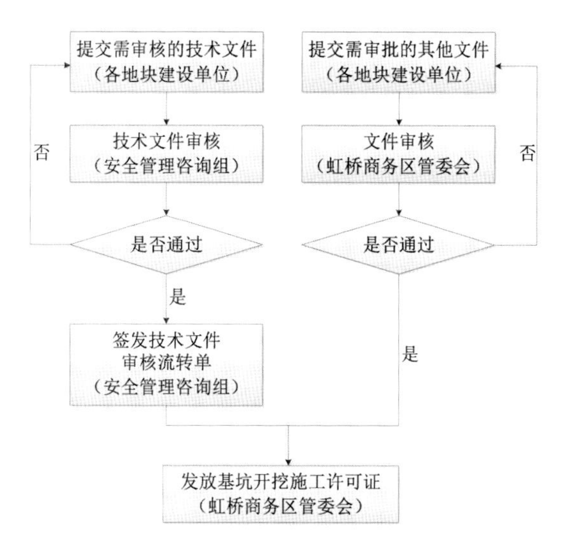

图4　基坑施工前期风险预控流程

（三）工作制度

（1）核心区在建工程安全、质量管理与施工进度推进月度例会

每月中旬召开一次月度例会，管委会、其他相关监管部门、安全管理咨询组、政府投资项目参建单位、出让地块项目参建单位参会。会上由管委会、其他相关监管部门、安全管理咨询组对上月各项目的安全施工情况进行通报；各项目建设单位汇报本月施工进度情况、安全施工情况、下月施工进度计划和需要协调解决的风险问题，管委会将适时安排协调会进行问题处理；管委会和其他相关监管部门对下一阶段各项目的安全施工提出要求，各参建单位参照执行。

（2）工地例行检查制度

由管委会、其他相关监管部门、安全管理咨询组组成检查小组，每周固定时间对核心区在建工地的安全施工情况进行抽查。检查小组将针对施工现场存在的问题口头提出整改意见；若问题较严重，将由管委会出具整改通知单，要求参建单位进行整改落实，并适时复查整改情况；若复查时仍未整改，管委会将会同其他相关监管部门对该项目参建单位进行处罚。

（3）专题协调会议制度

当基坑有发生风险事故的趋势时，管委会将召集有关项目的参建单位、安全管理咨询组及有关专家，召开专题协调会。将会上讨论确定的风险控制措施以会议纪要或会议备忘录的形式发放给各参建单位执行；若风险问题未得到妥善解决，管委会将组织再一次的专题协调会。

（4）专家审核制度

安排安全管理咨询组的专家对各地块项目领取基坑开挖施工许可证前的设计施工等技术文件、和基坑正式施工前编制的施工方案进行审核，确保相关文件方案的合理、合规和完整，以尽量避免基坑正式施工时，由于相关方案的缺陷而导致风险事故的发生。

五、基坑群风险管理模式实例

本文以虹桥商务区核心区内的某个项目为例，对基坑群风险管理模式进行说明。

（一）工程概况

核心区内某地块项目分为A区、B区、C区三个区域。A区面积24140m^2，深度9.6m；B区面积29711m^2，深度5.5m；C区面积25293m^2，深度15.15m。A区为钻孔灌注桩加两道钢筋混凝土内支撑围护；B区南北两侧为水泥土搅拌桩围护，东西两侧采用两级放坡开挖；C去为钻孔灌注桩加三道钢筋混凝土内支撑围护。

场地在65m深度范围内的地基土均属第四纪全新世（Q4）及晚更新世（Q3）沉积层，主要由饱和黏性土、粉性土及砂土组成，具水平层理。场地浅部土层中赋存的地下水属于潜水类型，潜水水位受大气降水和地表水影响。场地内⑦层属第一承压含水层，⑧$_2$层与⑨层土相连，均属第二承压含水。该两层承压水呈周期性变化，其承压水水头埋深在3.0～12.0m之间。

建筑功能上，A区为酒店，B区为办公，C区为商业。A区和B、C区分别有两家总包单位承担施工任务。项目周边有邻近的其他地块项目和能源管沟项目。该项目平面位置如图5所示。

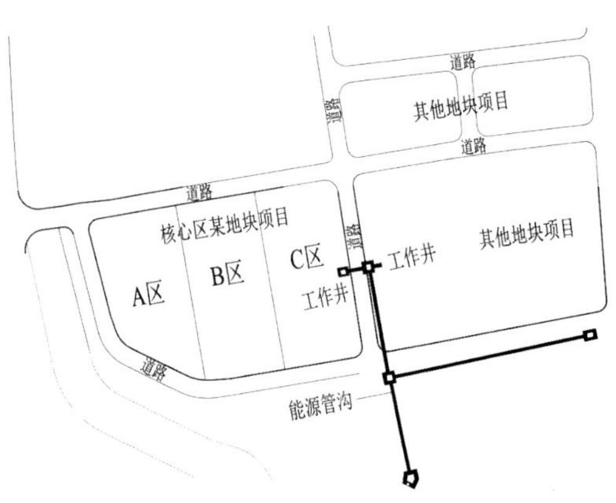

图5 核心区某项目平面位置图

（二）基坑施工风险管理

该项目于2014年年初进入虹桥商务区进行施工前的准备工作。在2014年5月份的安全总控计划中，确定了该项目桩基围护施工完成、基坑开挖、基坑底板浇筑完成、基坑出±0.00、主体结构封顶、竣工验收等六个施工进度节点，要求建设单位按此节点要求进行施工。2015年3月，安全总控计划进行修编，对该项目未完成的进度节点进行了调整。在此过程中，相邻地块未与该地块发生基坑同步开挖等风险较大的施工情况。

2014年4月，该项目参与核心区在建工程安全、质量管理与施工进度推进月度例会，在会上做相关发言，同时接受例行检查小组的检查。至目前阶段，管委会通过例会平台多次了解到该项目基坑开挖过程中遇到的问题，并同安全管理咨询组一起及时召开专题会议，给予协调解决；同时，该项目共接受例行检查12次，通过对现场发现问题的整改，该项目施工安全管理和现场文明施工有了很大的改善。

2015年年初，该项目C区基坑开始开挖，5月基坑开挖至第二层土。为了在基坑开挖过程中对已建成的能源管沟进行保护，管委会要求该项目和其他与管沟相邻的，正在进行基坑开挖的项目制定专项的管沟保护方案；5月中旬，管委会组织安全管理咨询组及有关专家对以上项目的管沟保护方案进行评审，随后又召开管沟保护方案专家意见落实情况汇报会，确定最终保护方案内容，并要求建设单位按照方案执行。6月，管委会确定每周固定组织召开一次管沟保护协调会，安全管理咨询组及相关专家、管沟参建单位、该项目与其他有关项目参建单位参会，协调解决基坑开挖过程中管沟的沉降变形等问题。经过上述专家评审和专题协调会议，有效地保护了上述项目周边的管沟安全，将基坑完成大底板浇筑之前的管沟沉降控制在安全范围以内。

2015 年 7 月底，该项目 C 区基坑工程在开挖东南角第四层土时，靠近开挖区域的监测点在 7 月 29 日及 30 日连续发生突变：测斜点 CCX01 水平位移日变化量最大达到 29.7mm（报警值为 4mm），信息管线沉降日变化量最大达到 54.9mm（报警值为 2mm）。管委会和安全管理咨询组接到报告后，同相关专家一起进行现场调研，并参与后续相关的专题讨论、专家评审、安质监站审核等会议，及时帮助解决问题。管委会还邀请安全管理咨询组专家对该目前基坑安全控制措施提出意见和建议，发放至该项目建设单位予以参考执行。最终，在采取了一系列措施之后，该项目 C 区基坑变形逐步稳定，9 月初正式恢复施工。2015 年年底，该项目 C 区地下室安全出 ±0.00。

在该项目取得基坑开挖施工许可证之前，安全管理咨询组对其基坑安全性报告技术评审意见、审图合格证、施工方案评审意见、施工组织设计、监理大纲等技术文件进行了审核；正式开挖前，在施工方案汇报会上对其方案提出了建议，项目参建单位也对施工方案进行了完善。但由于实际施工过程中，施工单位未严格按照方案施工，因此导致了高风险基坑变形的发生。

六、结论

基坑群较单个基坑而言，施工难度更高，风险更大，影响范围更广，必定需要实行风险管理，同时其风险管理难度要更高。

基坑群涉及的参建单位众多，协调难度高；开发商自身利益与管委会的要求存在差距、各项目之间的利益冲突也时时在建设过程中体现。因此，如何做好对各项目参建单位的管理，是基坑群施工风险管理的重点。

严格按照开挖方案施工，是保证基坑安全的根本。

本文提出的基坑群施工风险管理模式取得了良好的管理效果，能够为类似项目群的风险管理提供参考。

参考文献：

[1] 黄宏伟，顾雷雨．基坑工程风险管理研究进展[J]．岩土工程学报，2008，30(增)：651–656．

[2] 黄宏伟，边亦海．深基坑工程施工中的风险管理[J]．地下空间与工程学报，2005，1(4)：611–614，645．

[3] 钱健仁，黄捷，吴盛，刘壮志．郑州地铁车站超深基坑施工风险管理与控制[J]．华北水利水电学院学报，2011，32(3)：86–89．

[4] 刘翔，罗俊国，王玉梅．地铁深基坑工程风险管理研究[J]．施工技术，2008，37(7)：89–91．

[5] 周红波，高文杰．深基坑工程施工风险管理实务研究[J]．项目管理，2009，(9)：73–76．

[6] 冯燕华．深基坑工程的安全管理风险分析及对策研究[J]．建筑安全，2012，(9)：31–33．

[7] 赵民，焦力．浅谈深基坑工程的安全管理[J]．工业建筑，2009，39（增）：1020–1023．

[8] 田水承，高瑞霞，杜娇，刘芬，张恒．建筑基坑工程安全管理影响因素研究[J]．工业安全与环保，2014，40(5)：26–29．

[9] 沈健．超大规模基坑工程群开挖相互影响的分析与对策[J]．岩土工程学报，2012，34(增)：272–276．

尽最大力推动行业发展　以最诚心维护行业利益

浙江省建设工程监理管理协会　章钟

一、浙江省建设监理行业的基本情况

1988年，我省宁波市被建设部列为推广实施建设工程监理制度的第一批试点城市之一，到1998年，建设工程监理制度在我省基本得到普遍推广实施。省委、省人大、省政府高度重视我省建设监理事业，我省是全国第一个以地方性法规立法支持建设监理行业的省份。我省建设监理工作从试点到推广，不断加大推进的力度，强化监理工作的规范化管理，使建设监理工作逐步走上法制化轨道，推动了我省建设监理事业的不断壮大，也促进了全省工程建设质量、安全、投资控制水平的提高，取得了很好的成效。通过二十多年的不懈努力，我省监理行业从无到有，从小到大，从弱到强，逐步发展成为专业门类较为齐全、资质结构较为合理、高端人才相对集聚、综合实力较强的专业建设监理行业，在全国已具有一定知名度和影响力。

截至2014年底，我省具有监理资质的企业为402家，同比增长9.84%；期末从业人员合计54339人，同比增长5.37%；期末注册执业人员13025人，同比增长6.69%。承揽合同额合计1221449万元，同比增长9.62%；营业收入合计991434万元，同比增长18.32%。

2014年我省工程监理企业工程监理收入714479万元，同比增长14.60%，占总营业收入的72.06%；工程项目管理与咨询服务收入50558万元，同比增长16.90%。2014年度我省工程监理企业签订的省外监理合同额为175333万元，同比增长73.11%，完成省外监理合同额107238万元，同比增长105.95%。

至2014年底，我省具有综合资质的单位为11家，同比增长83%。主营业务甲级资质企业为191家，同比增长2.6%。工程监理收入超过1亿的企有8家，同比增长33.33%。

二、所做的主要工作

近年来，浙江省建设工程监理管理协会认真贯彻落实党的十八届三中、四中、五中全会精神，紧紧围绕住房和城乡建设系统重点工作，在中国建设监理协会的指导下，我们以协会章程为宗旨，以促进监理行业发展为核心，在行业政策研究、引导企业发展、解决行业之困、提升服务能力等方面做了一些工作，取得了一些成效。主要有以下四个方面。

（一）引领方向，积极探索行业发展之路

一是编制了《浙江省建设监理行业发展“十三五”规划》。2015年，经省住房和城乡建设厅批准并立项，《浙江省建设监理行业发展“十三五”规划》正式列入省住建厅“十三五”规划编制计划。《规划》提出了今后五年我省监理行业发展的指导思想、发展目标、主要任务和政策措施。规划的制定，对引领今后五年我省建设监理行业的健康发展必将起到重要的作用。

二是探索政府购买监理服务之路。去年《以工程监理企业为供应商的政府建设项目管理与质量安全监督机制研究》课题正式经省住建厅立项。我们已经成立课题小组，正式开始课题的研究工作。我们希望，通过课题的研究，为实现政府购买监理服务找到一定的理论依据和实施途径，为监理行业今后的发展找出一条适合的道路。通过政府购买监理服务这种方式，推动政府实施建设管理和质量安全监督方式的改革，同时也改变监理从业的行为方式，提升监理人员的地位和作用。

（二）排忧解难，努力减轻行业发展之痛

一是制定了行业服务收费依据。2015 年 6 月，我会与上海、江苏两地协会联合，共同印发了《关于印发〈建设工程施工监理服务费计费规则〉的通知》，确立人工综合单价法和费率计算法两种形式的计费规则，一定程度上为监理企业收费提供了参考依据。

二是积极推动市场开放。去年以来，国务院、住建部、省建设厅都下发了一系列文件，明确规定了各地市场开放的要求。我们积极与各地建设行政主管部门沟通，要求、督促各地逐步开放市场，消除一切不合理的市场壁垒。目前，我省部分地区的市场壁垒已有所消除，有的地方也已降低或减少了地方保护政策，正在逐步朝着建立更加开放、有序的监理市场方向发展。

三是制订招标示范文本。当前，各地在招标过程中存在各种乱象，特别是各地做法都不一，各种奇怪的规定、各种奇葩的要求都有。针对此种情况，今年打算研究制定《建设工程监理招标示范文本》和《建设工程项目管理招标示范文本》，通过示范文本的贯彻实施，适当统一各地招标的程序和方式，适当统一招标的要求和规则。

（三）尽力而为，适度缓解行业发展之困

一是积极鼓励企业走出去发展。一方面，凡是企业有需要的，我们都利用省建筑业管理局的渠道，积极与兄弟省市沟通联系，协助企业开拓省外市场；另一方面我们通过修订《浙江省优秀监理企业和监理人员评选办法》和《浙江省优秀监理企业和监理人员评选实施细则》，从评优的角度，对走出去发展成绩较好的企业予以积极鼓励。2015 年度评优中，有 20 家走出去发展较好的企业被评为优秀监理企业，分别有 93 名和 88 名走出去发展较好的总监和专监被评为浙江省优秀总监理工程师、浙江省优秀监理工程师。

二是适度优化了省监理工程师队伍结构。为更好地鼓励年轻人才从事监理工作，缓解现场监理人员紧缺问题，经省建筑业管理局同意，我们适度降低了省监理工程师考试报名门槛。2015 年，经考试合格并取得《浙江省监理工程师证书》的人员达到 2598 人，一定程度上补充了现场监理人才队伍，增强了现场监理实力。

三是筹备成立了“浙江省建设工程监理联合学院”。我协会与浙江建设职业技术学院共同筹备成立了“浙江省建设工程监理联合学院”。成立监理联合学院的目的，是希望努力培养出企业欢迎，同时能较好地适应现场工作的监理专业学生，并尽可能吸引、补充到我们的监理行业里来；同时对部分在职监理人员进行短期培训，通过培训考试，使他们提高岗位执业技能，更好地适应现场监理工作，一定程度上解企业人员不足之困。这样的合作，体现了“优势互补、资源共享、互惠共赢、协同发展”的理念，实现了行业、企业、学院、学生四方共赢，将会对我省建设监理人才培养和行业的发展起到积极的促进作用。

四是选送了部分优秀人才深造。经我会与浙

江大学建筑工程学院协商联系，选送了部分我省监理行业中优秀人才到浙江大学工程师学院“建筑与土木工程”及“土木工程管理”在职硕士研究生班深造。毕业生可以同时获得浙江大学研究生毕业证书和工程硕士或工程管理硕士学位证书。

（四）完善服务，竭力消除行业发展之忧

一是为企业开展两年行动保驾护航。2014年12月26日我会召开了“贯彻落实省住房和城乡建设厅工程质量治理两年行动实施方案动员大会”。向全体会员单位发出了《倡议书》，并大力宣传《建筑工程项目总监理工程师质量安全责任六项规定》。在《浙江建设监理期刊》上宣传报道各会单位两年行动开展情况。我们邀请省建筑业管理局相关领导进行专题讲座，介绍两年行动的主要内容和工作要求，解答施工现场配合检查的要领和对策。同时，我会积极做好服务企业的工作，原则上检查组查到哪里，我们就先行服务到哪里。在两年行动期间，我省监理企业在各级主管部门的监督检查中，均得到了较好的评价，未受到大的处罚。

二是制定了浙江省地方标准《建设工程监理工作标准》。2014年10月10日，省建筑业管理局印发了《关于贯彻执行〈建设工程监理工作标准〉的通知》（浙建管[2014]14号）。文件规定了《工作标准》是指导我省建设工程监理工作的重要技术文件；是我省监理工作的基本要求；是评判施工现场监理工作质量好坏，施工现场监理工作是否到位、监理人员是否履责的重要依据。《建设工程监理工作标准》是我省监理工作步入程序化、标准化、科学化、规范化的一个重要起点，为今后监理工作奠定了良好的基础。

三是加强协会自身建设。根据省民政厅的要求和省建设厅的安排，我会申报了5A级协会评审，并高分获得通过。通过5A的评审，进一步规范了协会秘书处的各项工作，提高了秘书处的服务能力，对加强协会自身建设具有重要的促进作用。另外，到目前为止，我省11个设区市和义乌市都成立了监理行业协会，实现了协会服务的全覆盖。同时，我会下放了部分服务工作。原则上，凡是以前企业需要直接跑杭州来办的各项工作，均下放到各设区市协会负责受理，大大方便了企业办事。

四是建立司法援助机制。当前，不合理的安全责任是压在广大监理人员心头的一座大山。特别是去年清华附中事故处理结果，广大监理人员反响十分强烈。事实上，这样的现状，已经造成了监理人员的心理阴影，一定程度上造成监理人才流失，影响了监理人才的培养，对行业发展十分不利。作为协会，我们有义不容辞的职责来维护好广大监理人员的合法权益。为此，我们在协会原有部门设置的基础上，增加设置一个“权益保障部”。针对今后监理人员可能面对的司法起诉，尽最大可能协助当事企业对当事人提供司法帮助，努力保障广大监理人员的合法权益。

三、几点体会

作为一个协会，一方面我们深感职能不够，也没什么权力，开展工作的难度确实比较大；但同时，我们也深深地感到，行业的发展需要我们。我们有责任、有义务为行业发展铺路、为企业解困出力。要做好协会工作，我个人觉得有三点体会。一是领导要重视。我省监理行业的发展，一直以来得到了各级领导的高度重视和关心。1999年，省人大常委会就颁布实施了《浙江省建设工程监理管理条例》，是全国最早的有关监理行业的地方性法规。多年来，省住建厅、省建筑业管理局的领导都对监理工作予以高度重视，给予了大力的支持。二是协会要尽职。协会一定要有勇气、敢担当。协会作为一个行业组织，谋划好行业发展之路，为行业的发展出力，是我们各项工作的出发点和落脚点，我们的任何工作都要基于这一点；同时，维护行业利益是我们协会天经地义的职责，必须要以最大的热忱、最真诚的热心为广大会员单位服务，维护好行业的整体利益。三是会员要团结。团结就是力量、团结才能发声。只有大家团结一心，齐心协力，才能统一思想，才能办好事、办成事。

余家振：激流勇进，敢于担当

武汉建设监理协会　冯梅　郑雨濛

余家振，1959 年 7 月生，湖北武汉人，高级工程师，国家注册监理工程师，IPMP 国际项目经理。毕业于武汉钢铁学院工民建专业。1983 年分配到武汉钢铁设计研究总院后，在设计岗位上工作 14 年，完成了武钢、宝钢、大冶钢厂、鄂钢、安阳钢厂、邯钢、湘钢等众多特大型、大中型冶金厂房设计任务，多项工程获得省、部级及国家级奖项。1997 年调入武汉威仕工程监理咨询有限公司，1999 年任副总经理兼总工程师。曾荣获中冶南方 2007 年度“岗位标兵”称号、湖北省监理协会 2001 ～ 2002 年度、2005 ～ 2006 年度“优秀监理工程师”称号。现任武汉威仕工程监理有限公司副总经理，兼任“第十届中国武汉国际园林博览会园博园工程管理服务项目部”副经理。2014 ～ 2015 年度先后获评“园博优秀建设者”、武汉市“五一劳动奖章”。

作为第十届中国（武汉）国际园林博览会的建设负责人之一，余家振给人的第一印象是热情、真诚、率性，侃侃而谈间，能感受到他把对企业的殚精竭虑、对行业的深谋远虑、对事业的高度热忱都融入了真情真意。两个半小时的访谈下来，我们倍感轻松愉悦之余，亦是惊觉接受了一次深度的灵魂洗礼。

笑着回忆：那些奋战在园博园的日日夜夜

2015 年 9 月 25 日，倍受外界瞩目的第十届中国（武汉）国际园林博览会在武汉顺利开幕，接受全社会的检验，把武汉的地方特色和瑰丽风采展现给世界。谈及过去两年间日夜奋战过的这一大型市政、房建、绿化系统工程项目，余家振难掩激动之情：“这是我 30 多年的职业生涯中接触到的最大的工程项目，我们得以给后人留下一件传世之作，为此，我深感自豪。”

2013 年 10 月，园博园项目正式启动。围绕在“垃圾场上建氧吧”这一主题，余家振与其他参加各方一起，为将规划总用地面积 213.77hm^2 的园博园打造成一道展现各地园林艺术景观的盛宴而付出辛劳。很快，一个由余家振率领的工程监理、项目管理团队进入现场。回首过往的 700

多个日日夜夜，“我们基本上是黑 + 白、5+2 的工作模式，没有周六、周日，后来甚至每个周六、周日的晚上都在加班。没有想到劳动强度如此之大，自然也把一个当初以为不可能的梦想变为了现实。”

最难的是项目启动之初，也是发挥余家振所带团队最大亮点的阶段。因为工期紧，需要项目启动时无法等待政府逐级审批，余家振团队以自己的专业操守、敬业精神为施工单位解决了很多难题。事后，各参建方纷纷对其竖起大拇指：“他们勇于担当，认真负责，若没有他们，我们的项目根本完成不了。”

奠定这一良好基础后，总负责现场施工的余家振开展工作起来相对顺畅。面对繁杂的现场工作，他会每日清晨出席各类会议，对此，他要首先确保自己对现场的随时跟进与熟悉，“一天不到现场，浑身不自在”。为巡查现场，他最高纪录，一天要走上 2、3 万步。

面对工程量大、工作范围广、建设周期短（仅两年）、难度系数高（垃圾处理），余家振毫无怨言，坚守现场。面对垃圾处理的世界性难题，他不断请教各类专业人士，不懂的就问，不会的就学，对各类设备、工艺、材料等进行了解，着力把握质量控制的重点。尤其引以为傲的是，仅仅开工建设 7、8 个月后，垃圾处理系统就率先在园博园运行，各项指标都达到要求，处理过后的水可以当饮用水使用，绿化用水全部从金银湖抽取，处理后再做植物灌溉之用，并将雨水搜集后汇集湖泊，实现重复循环利用。

临近园博园开园的前 2 个多月，余家振从没有回家吃过一顿饭。从 9 月 10 日开始，他更是驻守现场，天天加班至凌晨 2、3 点。谈及这些，他笑得很率真：“一生能有几回搏？这个项目做下来，我们的团队是成功的，得到了各方认可，这才是无上的荣耀。”

掩卷沉思：我们的行业能走多远

1997 年，时年 38 岁的余家振迈入监理行业，成为武汉威仕工程监理有限公司的一员。2 年后，他荣升为公司副总经理兼总工程师。如今 18 年过去，余家振感慨万千：“坦白说，这些年对监理行业的认识还是发生了一些变化，既有信心，又有失望。未来这个行业能走多远，还在于我们怎么努力。”

余家振认为，解决监理行业未来之困，还得靠监理人自身来解决。“是你承诺得太多，还是兑现得太少？”已近耳顺之年的他，用如此时髦的诗句描绘心中所感。

在他看来，监理行业要想走出困境，首先要将自身定位做出适当调整。监理首先要面对社会需求，明确业主的需求，形成主动干、积极干的意识和氛围，让行为和思想充分落地。其次，监理行业的人才培养非常重要，要逐步加大对重点人才的引进和培训，锻造一批高素质、有责任担当意识的监理人才队伍。同时，要将思维意识从被动转为主动，要在设计构造、施工、过程监理等各个步骤将被动监理转为主动服务，这样才能为业主提供精准化服务和有效的价值服务。

从事过设计工作多年的余家振，对监理团队的设计组成情有独衷。在他心中，最为理想的团队构成应该是设计 + 施工 + 项管，他不主张一个人一毕业就到监理公司，“这样造成监理工作不能做延伸工作，只能做常规性工作”，而监理工作就是要实现施工前的预控，要在图纸和设计阶段看出问题，解决实际问题，为业主节省造价费用，控制质量问题的发生，这才是真正有价值的监理服务。

多年的项目现场监理经验，让余家振对人才的培养看得透彻。在他看来，目前的监理行业对人才的引进和培养没有硬性考核指标，对年轻人很是不利，虽然经常在行业内组织一些培训，但毕竟不可能实现系统的培训，对人才的快速发展造成很大的困难。加之如今的建筑工程行业改革，已然没有了过去稳固的师徒关系制约，人员流动现象特别频繁，也进一步拉低了从业人员的素质。

“监理行业要发展，必须培养一大批有责任心、工作态度积极、专业能力强的人才。试问，把不正常的习以为常，业主怎么会满意？”

从业十几年来，余家振曾担任过厦门湖北大厦、酒钢不锈钢炼钢工程等多个项目工程的总监理工程师，还领导过宁波林德制氧、重庆水碾立交桥等工程的项目管理工作，是名副其实的“威仕项目管理第一人”。谈及工程监理与项目管理的差别，他认为监理也是项目管理，只是两者角色不同而已。“监理更强调的是对质量、进度和造价的控制，相对被动，担当不够；项目管理相对主动一些，重在实践。监理要走向项管，就要学会‘三控两管一协调’，实现用项目管理的方式来做监理。两者都要实现落地，才能真正有效地开展工作。”

奉献一生：用责任心和使命感干事业

2015年五一前夕，余家振荣膺“武汉市五一劳动奖章”。消息传来，80多岁的老父亲激动异常，老人家做好了一桌饭菜，买来白酒，请儿子和自己一起畅饮。这一画面让他联想起自己的母亲50多岁接到入党通知书时泪流满面：“当时我不能理解，但事后一想，那曾是她苦苦追求了一辈子的信念呀。荣誉自有它的意义。”

而实际上，自进入监理行业以来，余家振长期奋战在工作一线，承受着工作待遇低、工作环境差、社会地位低的多重压力，已然忘却了自己年轻时候的各类爱好。多年来一心扑在工作上，长期加班加点，仿佛停不下来的马达，他坦言自己对家人亏欠太多。“我有过很多的遗憾，不可弥补，直到有一天发现儿子突然长大。”说到此处，我们从他眼里捕捉到闪烁的泪光。

谈及威仕十多年的创业历程，余家振坦言：“真的很累。”可长期接受的传统教育和组织培养，也让他刹不住车，他以自己的责任心、认真劲儿，一直冲在事业的最前沿。作为威仕公司分管质量和安全的副总经理，他也兼职分管以承接公共建筑、一般工业与民用建筑、一般工业安装工程为主体经营范围的房建事业部。自从全身心投入园博园建设之后，他很少有时间回公司参加各类会议和处理各类事务。一个令人动容的小细节不断上演：每日夜晚，他都会回到公司，或处理办公桌上的各类公文，或是找相关同事畅谈工作。次日清晨，公司同事会自行到他办公室取走文件。“只见其文，不见其人”的一幕日日上演。

作为一名领导者，他更着力培养和锻造人才梯队，放手让年轻人去做，小事情不再事无巨细地亲自过问，而是保持每季度召开一次安全质量会议，采取巡视、听汇报的方式，提出下一季度的部署和安排，管控大局。

“我这个人做事追求完美，很少主动夸奖别人，对下面的人也很苛刻。其实以后应该更人性化一点，不能要求别人跟我一样。”谈及领导艺术，余家振笑声爽朗，谦逊随和。

如今，伴随园博会的顺利开幕，余家振的事业远景也将重新起航，他将继续带领团队向新的事业征程进发。让我们共同祝福追求无止境的他在未来的日子里，事业顺意，美满康达。

诚信为本、信守合同、创建有公信力的品牌监理企业

安徽省建设监理有限公司

安徽省建设监理有限公司是集工程建设监理、工程招标代理和工程造价咨询于一体的高智力现代服务企业，是安徽省历史最长、规模较大、实力雄厚、社会信誉较高的监理企业。公司为1988年全国建设监理单位试点单位，于1993年揭牌成立，是首批国家甲级资质监理单位。并具有住建部建设监理综合资质、建设工程招标代理甲级资质，是安徽省首家质量体系获国际多边认证的专业监理企业。2004年起历年的全国“重合同、守信用”企业，并获得“全国先进监理单位”、“全国招标代理诚信先进单位”等称号。

公司经过二十余年发展，目前现有员工1300余人，拥有建筑、设计、结构、给排水、暖通、电气、铁路、道桥、自控、设备安装、装饰、工程管理等多方面的专家和高中级人才，监理收入位列全国“监理企业百强”。

二十年来，工程监理业务覆盖全省，并拓展到苏、沪、浙、闽、粤、桂等十五省市，先后承担了多项国家、省、市级重点工程和中外合资大、中型工程，所承监的项目荣获“鲁班奖”、“国家优质工程奖”、“市政金杯奖”等国家级优质工程奖20余项、省级优质工程奖200余项。

二十年来，公司不断努力开拓，积极发展，以诚信、守法、公正、科学、优质服务为准则，受到国内外业主的广泛赞誉，享有良好的社会声誉。公司在发展中紧紧抓住诚信这一企业发展的重要的精神命脉，确立了诚信为本、发展为先的经营理念，并在发展过程中逐渐纳入企业的核心文化当中。诚信，为企业赢得了良好的信誉，打造出了坚实的品牌形象，同时也为企业发展有效地拓展了外围空间。公司在诚信建设中进行了成功的规划和建设，主要有以下几个方面：

一、诚信为本，加强自身建设

公司一直高度重视企业诚信建设，特别是自2002年以来，公司确定了建设“有公信力的品牌监理企业”的可持续发展目标，企业诚信体系建设稳步推进，取得了较好的成果。

首先，我们组建了一支过硬的诚信领导班子，以领导班子的诚信形象带动企业内部整体氛围的形成。公司在企业内部建立经营“诚信”机制，在企业内部强化对员工的“四守”（守责、守法、守信、守德）教育。（“守责”就是要恪尽职守，认真做好本职工作；“守法”就是要遵纪守法，依法办事，按章办事；“守信”就是要信守合同，言行一致，取信于人；“守德”就是要遵守职业道德、社会公信）“四守”原则是企业文化思想的集中体现，也是公司立业和发展之本。在激烈的市场竞争中如果背离了责、法、信、德，很快就要被市场淘汰。公司在企业内部形成了一种崇尚诚信的良好氛围。上对领导和主管部门讲诚信，下对员工和部门讲诚

信，欲树人而先树己。其次加强学习，树立诚信观念。一方面将诚信作为员工工作及自身素质考核的标准之一；另一方面培养员工以诚信为本，以诚信为荣，处处讲诚信，事事讲诚信，把诚信作为工作原则和个人品德的一部分，真正成为植根于员工内心的行为准则。通过不断加强员工职业道德教育和制定严格的规章制度，提高了公司广大员工的职业素质，监理人员爱岗敬业、勤奋工作，拒绝施工单位吃请，拒收红包，为企业树立了良好的社会形象。

监理企业是以人力资源为主的企业，有公信力的品牌监理企业是员工信誉品牌的集合，监理企业的能力和实力最终是靠监理人员来体现。监理人员在工程建设中处于特殊地位，直接面对建设单位和承包商，监理人员的权威和技术、管理才能的发挥必须依靠诚信作为保障，监理人员的职业道德和才干是监理工作的前提、基础，是监理行业赖以发展的根基。企业诚信文化是潜在的制度性资产，也是一种“意识形态”，我公司着重建设“尊重知识、尊重人才”的企业文化，强调“员工的伦理道德与企业目标相一致”。我公司通过建立健全监理人员学习与培训制度，对监理人员进行业务技能培训、监理法规学习和思想道德教育，使监理人员有与监理工作相应的知识理论水平，有较强的责任感，有不怕苦、不怕累的精神，严格作到“不吃、不收、不要、不拿”，“不手软、不嘴短，客观、公正”，通过维护监理人员“公正、客观、科学”的形象赢得尊重与信任。经过二十余年的发展，通过诚信文化潜移默化的影响，还有企业管理水平和业绩的不断积累沉淀，我公司已形成了具有良好职业道德的复合型人才梯队，为公司的进一步发展壮大提供了根本支撑。

监理企业处于一个新的发展时期，未来市场要求监理行业要逐步形成一批信誉度高、服务质量优良、知名度高的名牌企业，为此公司在企业内部强调企业文化和企业精神，教育公司的每一位员工珍惜公司形象应像珍惜自己的生命一样，使公司有持续发展的动力。监理公司的产品是监理服务，要拿出名牌产品，首先要在监理服务的内涵上下功夫，形成有自己特色的服务品牌。其标志就是无论在何地监理何种项目，服务的过程，服务的内容、深度、效果、态度和目的以及标识都是按统一的标准进行。为此公司引入了规范化的管理模式，导

入 CIS 企业形象识别系统，做到统一环境布置、标牌标志、资料档案，使公司在市场中打造一个良好的、规范的品牌形象。公司要求广大员工要以良好的敬业精神和职业道德、优质的服务维护公司诚信企业的社会形象，提升公司的整体实力，为创建名牌企业奠定基础。

二、诚信经营，提升服务质量

诚信对一个公民来说是“第二身份证”，对一个经营者来说，更是与人交往的“经济护照”。公司之所以能发展到今天的规模，重要原因之一就是诚信经营。多年来，公司本着诚信经营的主导思想，坚持以诚信的凝聚力带动企业管理水平和业务水平的不断提高。公司提出的“监理工程合格率 100%、合同履约率 100%、监理服务满意率 100%”的质量目标，体现了公司对社会的诚信承诺。

我公司在市场经营活动中，以高度自律、自觉的精神践行建设“有公信力的品牌监理企业”的宗旨，自觉抵制挂靠、恶意低价投标等行为，自觉抵制“阴阳合同”、“霸王条款合同”等显失公平的现象，自觉守住法律、规范、信誉底线，以对合同信誉的坚守立足市场、开拓市场、繁荣市场。同兄弟单位和行业协会同心协力，为扭转行业风气，形成讲求商业道德、诚实守信、公平竞争的氛围贡献力量。

三、规范管理、坚持诚信服务

1. 以贯标为抓手，完善体系建设

为保证建设单位满意和监理合同的实施，公司把诚信贯穿于服务理念当中，规范建立并不断完善了各项管理制度。公司自 2000 年就通过了 ISO9000 质量管理体系认证，坚持贯标工作十几年，确立以贯标为抓手，持续改进的管理思路，通过对质量管理体系文件的不断改版，使其更加适应市场变化和业主的需要。2012 年公司又通过了环境管理体系和职业健康安全管理体系认证。目前公司的管理体系包括质量手册，21 个程序文件，以及各类作业指导书等支持性文件。通过各种管理制度、管理办法、操作范本和贯标文件的运作，组成了企业比较完善的综合管理体系，保证了公司整体的规范化运作。

公司编制的各种监理作业指导书和手册，对监理人员的现场工作做了具体指导，对监理规划、细则、工程质量评估报告、质量监理手册、安全监理手册、旁站监理办法等各种范本的编制出台和贯彻执行，有效地保证了现场监理的服务质量。

2. 实行差异化管理，做到有效监管

公司在建项目多，地区分散，管理难度大。为保证现场服务质量，公司加大对现场管理的检查力度，公司专门成立了项目督查部有针对性地做好对项目的督查工作。进行以项目“巡查”为手段，以项目“受控”为目的的差异化管理。围绕现场监理工作行为、监理服务质量、工程实体质量和安全监理四方面内容，不间断地进行巡查，使工程始终处于受控状态。

我们在项目控制上主要是抓好“三查”：一是积极开展巡视检查，项目督查办根据计划，对公司在建部分存在重大危险源的工程项目要进行多次巡查，排查安全质量隐患，并针对存在重大质量安全隐患的监理项目发出整改通知督促整改。二是认真抓好例行检查，公司督查办从监理部抽调人员组织检查组，制定检查专用表格，分别由副总工以上领导带队，对重点建设项目组织专项安全检查，通过检查进一步增强监理工作的主动性与自觉性。三是重视主管部门检查，做好迎接国家部委、省、市建设主管部门对有关工程质量和监理服务质量的大检查的工作。通过以上措施，有力地保证了监理服务质量和合同的实施，近年来所监理的竣工项目工程质量合格率、顾客满意率、合同履约率均为 100%。所监理的项目普遍受到业主赞誉和当地主管部门通报表扬。

在质量和安全管理方面，公司时刻把质量安全管理当作企业的生命线，对项目进行巡视监督，对发现的问题及时发出整改通知，对存在重大危险源的项目实施重点监控，及时给予项目监理部工作指导和支持，有效地规避了监理风险。此外公司一年两次的贯标内部审核，也进一步验证了监理服务质量体系运行的有效性。

在工程监理服务过程中，会同工程各参与主体方，建立健全合同信用管理制度，增强合同主体法律地位平等意识，规范建设工程参与各方合同行为，改变目前建筑行业参与主体地位不对等的状况，通过诚信建设，降低了项目建设合同、法律风险，进而节约项目建设时间和投资成本。

3. 打造精品工程，作行业先锋

为创建监理工作的“精品”，树立“安徽监理”的知名品牌。我公司对承接的一批社会影响力大、技术含量高、复杂程度高的大型项目，制订了创精品工程实施纲要和实施方案。

公司选派监理经验丰富且综合素质较高、优秀的总监理工程师担任重点项目总监，并按监理人员的专业能力、年龄素质和工程的特点选择能够胜任工作且责任心强的专业监理人员，组建强有力的监理团队，配备必要的交通和检测设备，公司组织专家技术组为项目提供服务和指导，在监理过程中实施过程质量控制和安全督查。公司始终贯彻“精品”意识，以创精品工程为目标，力争使每一个建成项目都成为丰碑和无言的广告。牢固树立品牌意识，坚持从大局出发、从合同各方的长期利益出发，踏踏实实做好工程项目各项工作，高质、高效地完成了工程，使各方利益得到了最大的保障，赢得了各方面的信任。

公司推行精细化管理，项目进行管理部、项目督查办公室定期不定期、有针对性地进行对监理项目的质量、安全动态检查工作，建立了监理服务质量评价体系及质量安全防范长效机制，配合第三方质量安全巡查管理，了解业主单位对项目监理机构工作的评价和反馈意见，并严格落实各项预定的奖罚措施，作到赏罚分明，实现各阶段监理的主动控制和动态控制，以达到“打造品牌监理、创建精品工程”的终极目标，进而带动其他项目监理水平的提高，要求项目监理部对照创精品工程要求，配备强有力的监理队伍，针对不同项目特点，对拟创“精品工程”监理项目进行创优策划、细化拓展验评标准、审查施工单位的创优领导班子和创优方案，并对材料、工序施工和工程观感质量等方面进行监理控制。通过创建“精品”监理项目的活动，实现把公司整体监理水平推向一个更高层次的目标。

四、展望未来，打造诚信品牌

诚信是一个企业的灵魂，当最初选择了诚信经营作为我们的企业经营理念的时候，我们也就选择了一条可持续发展之路，“诚信”理念作为我们企业多年来的精神法宝，将发挥更大的作用，引导全体员工以良好的敬业精神、优质的服务维护公司诚信企业的社会形象，打造企业精品，提升公司的整体实力，为创建名牌企业奠定基础。公司将一如既往地坚持以诚信为本，守合同、重信用，塑造品牌企业，为在全社会树立诚信意识、建设“信用中国”作出自己的一份贡献。

从事建设监理行业二十四年的体会

山西协诚建设工程项目管理有限公司　高保庆

摘　要： 本文以山西协诚建设工程项目管理有限公司为对象，从组织架构、宗旨理念、管理理论、企业文化等方面对公司的发展进行了探讨研究，阐述了“一个中心、两个重心”、“三书一资料”等管理理念和管理模式，并在各管理单元中运用三维目标管理体系，逐步完善、持续改进。山西协诚建设工程项目管理有限公司管理模式的构建与推行，对提升公司的项目管理水平、保持持久的企业竞争力具有重要意义，希望能为本行业相关建设项目咨询管理服务型公司提供一定的借鉴作用。

关键词： 项目管理　组织架构　管理理念　企业文化

本人自1992年至今从事工程建设监理二十四年，现任山西协诚建设工程项目管理有限公司董事长，曾先后主持组建两个监理公司、一个招标代理公司和一个造价咨询公司，并历经其从无到有、从小到大的发展全过程。从行业属性划分，上述四个公司均属建设管理咨询服务型企业。现就山西协诚建设工程项目管理有限公司（以下简称山西协诚）组织架构、宗旨理念、企业精神与文化的形成、延革及现状谈几点体会。

一、企业的组织架构与格局

企业的组织架构主要由三方面因素所决定。一是国家的法律法规和政策导向；二是所服务对象建设工程项目的特性特点及其内在客观规律。三是企业所处的客观环境和生存条件。企业架构决定企业格局，企业的格局要高。山西协诚在这方面有三个特点：

1. 始终坚持党的领导

山西协诚从组建初期就设立党小组，后来组建党支部、党总支，直至2011年成立公司党委，期间不断探索、实践、积累混合所有制经济体的有限责任制公司党建工作经验，并不断完善其管理体系。

公司经营实践证明坚持党委的政治领导和监督保证、充分发挥基层党支部的战斗堡垒作用和党员的先锋模范作用，对确保公司合法经营、规范执业、廉洁自律、诚信服务至关重要；对培育和传承公司团队的使命感、责任感、奉献精神，增强其凝聚力、归属感起着不可或缺的积极作用。

2. 坚持完善法人治理结构，建立规范的有限责任制公司。

山西协诚依法照章设立股东会、董事会和监事会，实行董事会领导下的总经理负责制。公司股东会、董事会和总经理为首的经理层职权明确，不重叠、不冲突、不缺位、不越位，各司其职、各尽其责、高效运转。同时，山西协诚坚持公司技术业务骨干持股的股权结构，并建立和完善了自然人股东的退出更迭机制。在确保各股东合法权益不受侵犯的前提下，保证公司的自然人股东始终是公司的技术业务骨干，以增强公司骨干员工队伍的主人翁意识和地位。

3. 确立明确而催人奋进的总体发展目标。

人要有志向，企业要有发展方向和规划目标。山西协诚现阶段的规划发展目标是：以工程监理为依托，积极拓展工程咨询、造价咨询、招标代理、建筑设计、材料检测试验等业务；提高综合性、规范化、多资质、高效能的建设项目管理咨询服务能力；创建国内一流的建设项目咨询管理公司。一流公司应当有相应的考量指标，如高而全的执业资格；一流的专业人才队伍；一流的管理；一流的技术装备；一流的经营规模和效益；良好的社会信誉和超前的意识观念等。我们短期内不一定全部实现，而且这些指标都是相对的，但是我们必须争创一流，因为不进则退是市场竞争中不变的法则。

二、企业的经营宗旨

为什么办企业？为谁办企业？社会、员工、股东三者之间的利益关系及排序反映着企业的经营宗旨。山西协诚的经营宗旨是：为社会、为员工、为股东办公司。

第一为社会办公司。向社会提供优质高效的建设咨询管理服务，创造良好的社会效益，公司才有生存的价值，才可能有经济效益。同时公司依法经营，有了收入首先照章纳税，为国家经济建设尽义务、作贡献。

第二为员工办公司。为员工工作生活创造良好条件，只有员工的薪酬福利、五险一金等合法权益得以优先保障，并在公司经营效益提升的基础上不断提高，企业才有生存的基础。因为员工，特别是高素质的专业人才队伍是公司最主要、最宝贵的资本和财富，公司的有形和无形资产都是员工创造的。

第三为股东办公司。股东的出资是公司开办的基本前提条件。确保股东出资的保值增值和稳定适量的投资回报等合法权益是公司天经地义的职责，也是公司保持长久稳定发展的基础。公司各级管理者的主要职责就是努力提升公司的营利能力和水平，得到股东的认可和肯定。

三、企业的经营理念

企业根据其行业特性和所处的人文环境等主、客观因素形成独有的经营理念。山西协诚的经营理念是：以经济效益为中心；以市场拓展及质量、安全为核心的生产管理为重心。公司各层级的管理工作均围绕着以上“一个中心、两个重心”而展开。没有经济效益，公司就无法生存，一切将成为空想、空谈。以市场经济为导向的现实经济社会生活中，如果不能积极拓展市场获取足够的业务量，公司就不可能取得好的经济效益。同时，市场拓展和优质服务相辅相成、互为支撑。有了市场和业务，公司如果不能为委托方提供优质高效的服务，甚至于干一个砸一个，那将给公司带来颠覆性的，灾难般的负面效应，而不是效益。所以经营理念决定着公司的生存和发展。

四、企业的组织结构

企业的组织结构关系着企业的管理效率和深度。山西协诚采用矩阵式组织结构，实行公司、事业部和项目部三级管理，管理的重点是直接承担监理业务和咨询管理服务的驻工地项目部。增加事业部层级管理是为缩小管理跨度、消除管理盲区和漏

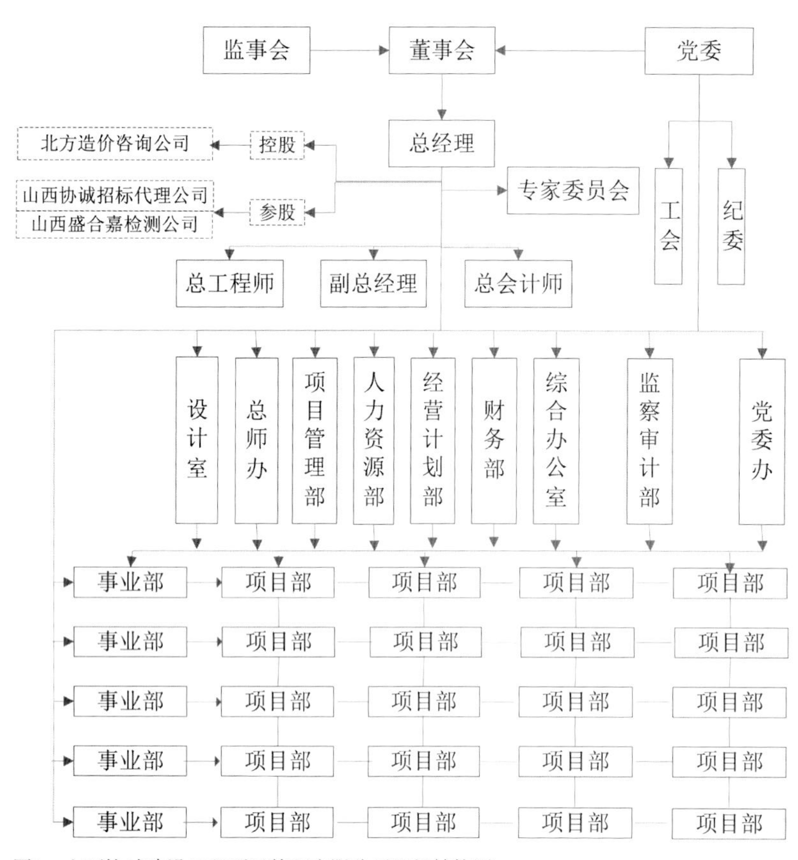

图1　山西协诚建设工程项目管理有限公司组织结构图

洞，实现精细化管理。事业部是公司的派出机构，视地区或专业情况而设置。详见公司组织结构图（图1）。

五、企业的基本管理模式

企业根据其主产品的特征属性和经验积累，总结出适合本企业实际的管理模式。山西协诚积多年的实践体验、总结提炼，在工程建设监理业务的实施中全面推行“三书一资料”的管理模式。即各项目部与公司签订廉洁自律责任书、质量安全责任书、项目人年工作量指标考核和监理费回收率责任书，以及抓实一份监理资料的管理，并将全面落实到位作为管理的重中之重。

这一管理模式的优势是能将廉洁自律、诚信服务的理念落到实处，并与公司管理体系融为一体，形成长效机制。

1. 廉洁自律责任书

廉洁自律是本行业的基本执业原则和道德底线。廉洁自律和诚信服务是相互依存的，违背廉洁自律必然影响诚信服务。实践证明，工程质量安全出问题的项目，很大一部分是因为总监或主要监理人在廉洁自律上出了问题而造成的。为将廉洁自律落到实处，主要从以下四方面作起：

（1）将《廉洁自律责任书》在现场项目办公室上墙公示，时时警示项目监理人员。

（2）建立便捷的信息交流平台，定期回访各参建单位。做到早发现、早预防、早纠正，避免不廉洁现象发生。

（3）对廉洁问题零容忍。廉洁和诚信是监理行业工作的底线，如果发生问题不是大与小、多与少的关系，而是有与无的问题。在廉洁上发生问题，一律深查到底，严格处理，绝不姑息。

（4）项目部廉洁和诚信工作纳入到绩效考核中，与经济效益挂钩。与监理业务工作紧密结合，一起部署、一起落实、一起检查、一起考核。

2. 质量安全责任书

为建设单位提供科学诚信的监理服务，达到合同约定的服务质量，是监理工作的准则，也是监理企业诚信体系建设的重要环节。

通过签订质量安全责任书，明确了上至总经理、副总经理，下至总监、专业工程师、监理员的各级质量安全管理职责。在公司上下形成谁主管、谁负责、一级抓一级的质量安全责任制网络。对质量安全状况及问题建立台账，实行消账制度，跟踪整改，确保工程质量安全管理达到合同约定要求，不失信于业主单位。

3. 项目经济指标责任书

办企业，没有效益就不能维持简单再生产和扩大再生产。企业有了一定的经济基础，才能为业主单位提供高质量的服务，这是基本原则。但如果单纯为了提高公司的营利水平，降低服务标准，是对业主的不诚信的做法。所以项目经济指标责任要一分为二的来讲，一是要保证项目上有相应数量和专业素质的，合格的监理人员，来满足监理工作优质高效地开展；二是要进行经济核算、成本控制、提高劳动生产率，保证公司有一定的经济效益，使公司有必要的经济基础，为业主提供相应水准的咨询管理服务，这是相辅相成的，没有这个经济基础，优质高效、诚信服务将是空谈。

监理费回收情况侧面反映了监理工作的好与坏，只有监理工作做到位，做出成绩，才能得到业主单位的认可，才愿意和我们继续合作，监理费回收才能顺利，公司才能有较好的财务状况，所以把监理费的回收率作为项目经济责任考核的第二个指标。

4. 规范一份监理资料

监理资料是监理工作成果和业绩的反映；是监理企业、项目监理部、项目总监签发出具工程竣工验评验收文件的基础和支撑；是相关方发生合同纠纷，进行索赔和反索赔的有效依据；是监理企业和监理人员规避风险、保护合法权益、澄清监理职责、免受不白之冤的有力佐证；更是监理企业管理水平和业务能力的综合反映。完整、规范的一份监理资料是监理人敬业精神、执业操守、诚信服务的体现。

近年来，公司优化了监理资料管理方面的制度，分别从监理资料的填写、报审、收集、整理、装具、存放、归档等方面加以规范，实现监理资料管理的及时、规范、真实、准确、系统。

采取有效措施，促进监理资料的整体管理水平和综合质量的提高，从而进一步促进监理工作质量不断提升，为企业的增收增效、为监理行业的健康发展发挥积极作用。

六、企业的管理理论

工程建设咨询管理服务型企业的产品是：向社会经济建设的各委托方提供优质高效的技术经济咨询，或项目建设全过程全方位的管理服务。基于这一特性，管理理论的研究探讨、实践创新就必然成为企业管理者的主要课题。山西协诚所探索实践的是“三维目标管理体系”的建立与运用，并且形成了统一的认知，建立了运行体系。简单地讲，三维目标管理体系就是将一个复杂的管理单元分解为三个维度：职能分配力求合理；职责界定力求明确；标准、规范、细则及程序制度力求适用、完善。

合理、明确、适用完善成为该体系的三个目标，并以此建立一个数学模型，即“三坐标形成的三维空间体”（图 2）。

三维目标管理体系具有如下特点：

1. 优点：职能、职责与相关的标准、规范、细则程序制度一一对应，互为依托，形成体系，克服点、线、面管理的局限性和不足。

2. 目标明确、持续改进、自我完善成为管理的灵魂。职能分配要不断优化，力求合理；职责要

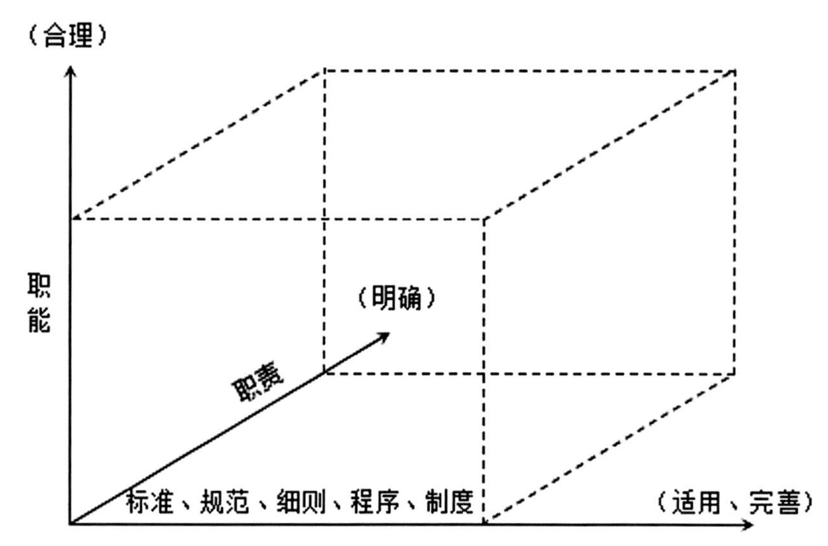

图2　三维目标管理体系示意图

不断审视，力求明确。各项管理标准、规范、细则、程序、制度要根据相关法规、技术标准和实际状况不断修改、补充力求适用完善。

这一不断力求自我完善的目标管理机制适合任何管理单元本身内在客观规律的需求，可促进其管理水平的不断提升。

3. 适用于一个企业，一个职能部门的管理，同时也适用于建设咨询管理服务公司履行合同所派出的驻工地项目监理部以及投资、质量、进度等控制管理组的管理，可在管理单元的系统和子系统广泛应用。

七、企业精神与文化

企业团队的精神面貌、工作作风以及待人接物、言谈举止等社会形象和影响，积淀为企业的精神和文化。是一种看不见、摸不着的感觉，但它却实实在在地存在，且是形成企业核心竞争力的重要因素。山西协诚的企业精神是：团结协作、开拓进取、争创一流。企业文化是：勤奋学习、勤勉敬业、勤俭节约。

公司首席管理者始终致力于打造这一精神和文化，而且形成了广泛共识，决心发扬光大、坚持传承。

八、充分调动员工的积极性、主动性、创造性是企业管理者最基本最重要的职能和职责。

劳动是第一生产力，毫无疑问，企业员工的积极性、主动性、创造性能否充分发挥出来，直接影响到企业生产能力、核心竞争力和差异化竞争优势能否形成。同时也是验证企业管理者是否真心实意以人为本的试金石。山西协诚的管理层充分认识到了这一点，把充分调动员工的积极性、主动性、创造性列为自己的根本职能和职责。从理论认识、体制机制、规范制度、人文感情四个方面入手，着力打造氛围，建设团队，形成机制，开创山西协诚全体员工积极工作、主动工作、创造性工作的新局面，向社会提供更加优质高效的建设管理服务。

山西协诚将坚定不移地带领全体员工走向共同发展、共同富裕之路，坚定不移地为实现自己的总体规划发展目标而努力。

工程监理企业有限多元化发展的实践

北京兴电国际工程管理有限公司　周竞天

自我国实行监理制度以来，工程监理企业在保证工程质量，维护国家、社会公共利益以及业主合法权益等方面发挥了重要作用，取得了长足的进步与发展。但目前监理企业也面临着许多问题，制约着监理行业的发展。住建部推行工程监理制度的初衷，旨在改变陈旧的工程管理模式，建立专业化、社会化的工程监理咨询机构，实施全过程、全方位的项目管理服务。但工程监理制度推行至今，监理服务的范围已发生了很大的偏离，事实上，绝大多数的监理企业所提供的监理服务主要是施工阶段，几乎没有涉及在工程建设投资决策阶段、勘察阶段、设计阶段的监理服务，造成了监理企业专业分工过细、经营业务单一、监理人员流失严重、抵抗风险能力弱、不能做大做强的困局。

一、充分竞争的监理市场使大型监理企业谋求多元化发展

近年来，随着我国经济总量的逐年递增，基本建设规模也逐年扩大，为企业向工程咨询和项目管理公司转型创造了良好的外部环境。为监理企业业务领域的拓展创造了有利的契机。

2003 年 2 月，住建部发布了《关于培育发展工程总承包和工程项目管理企业的指导意见》，文中鼓励具有工程勘察、设计、施工、监理资质的企业开展工程项目管理业务。2008 年 11 月印发了《关于大型工程监理单位创建工程项目管理企业的指导意见》。推进有条件的大型工程监理单位创建工程项目管理企业，以适应我国投资体制和建设项目组织实施方式改革的需要。2009 年 6 月又印发了《关于继续开展监理企业创建工程项目管理企业试点工作的通知》，再次鼓励和推动监理企业创建项目管理企业试点工作。可见，国家宏观政策促使监理企业向工程咨询和管理服务方向转型，工程监理企业转向工程项目管理企业势在必行。

随着建设市场趋于饱和，监理市场的竞争势必加剧，一些大型监理企业站在长远和全局的角度进行战略思考，开始谋求多元化发展，向全过程、全方位的项目管理方向发展，部分监理企业开始向工程设计、工程检测、工程总承包、产品代理、工程技术法律咨询等领域进军。由于全过程、全方位的项目管理服务涵盖了工程项目投资咨询、勘察设计管理、施工管理、工程监理、造价咨询和招标代理等各方面，这就要求监理企业在提供工程咨询和项目管理过程中，必须具有工程项目投资咨询、勘察设计管理、施工管理、工程监理、造价咨询和招标代理等方面能力，需要监理企业延伸工程监理业务，能够为业主提供招标管理、勘察设计管理、采购管理、施工管理和试运行管理等多元化服务。

虽然从总体上看，代表建设单位进行全过程、全方位的工程项目管理服务，将是我国监理企业的发展方向，但是考虑到监理企业的大小规模、自身特点及抵抗风险能力的不同，如何进行多元化发展来增强发展后劲和保持核心竞争力？如何进行企业资源分配、构建新型管理团队和企业文化建设？需要监理企业以科学的理念、开阔的视野、进行创造性的思考，避免一拥而上，甚至进入不熟悉的领域进行多元化发展，加剧监理企业生存和发展的风

险。因此，监理企业如何进行多元化的发展，仍然需要探索和实践。

二、兴电国际的有限多元化选择

1. 兴电国际的发展概况

在激烈的市场竞争的海洋中，作为以甲级设计院为依托、以工程监理为基础发展起来的北京兴电国际工程管理有限公司（以下简称兴电国际）已经走过 22 年的历程，是央企中国电力工程有限公司的全资子公司。伴随着我国建设监理事业的发展，兴电国际从零开始，经历起步、成长、提升、发展及巩固五个阶段。目前公司已经拥有各专业员工共近 600 人，具有国家工程监理综合资质、造价咨询甲级资质、招标代理甲级资质等。公司建立了完整的三标一体化的管理体系，业务范围已经覆盖工程监理、造价咨询、招标代理和项目管理。

目前工程监理仍然是兴电国际生存和发展的基础，在工程监理领域，保持工程监理的竞争优势地位，向高端项目拓展，形成超高层工程监理核心竞争力，先后承接了北京国贸三期工程（330m，53 万 m^2，北京第一高楼）、沈阳华润中心（220m，70 万 m^2，城市综合体）、沈阳盛京金融广场（345m，55 万 m^2）、长春国际金融中心（214m，29 万 m^2）、北京望京 SOHO 中心、北京中央公园广场、北京丰台科技园商业综合体等大型超高层建筑。

与此同时，兴电国际充分发挥在房屋建筑、市政公用、工业及电力等行业优势，扩大市场份额。

在市场拓展上，立足北京、面向全国、走向国际。

2. 兴电国际有限多元化的战略选择

面对大型监理企业多元化发展的大势，公司顺应行业发展趋势，发挥公司综合优势，在保持主业工程监理竞争优势的基础上，围绕主业工程监理，向前向后两头延伸，做大做强项目管理、招标代理和造价咨询，实现有限多元化的格局。通过工程监理、造价咨询、招标代理和项目管理“四轮驱动”，形成工程管理的完整价值链，构成多元化的工程管理服务模式，向成熟的全过程管理公司发展。

三、兴电国际有限多元化的战略实践

随着市场需求的变化，公司在体系文件、组织机构设置、人才建设和市场拓展等方面，发挥公司整体优势，加大创新力度，做大项目管理、造价咨询、招标代理，向有限多元化发展。目前，兴电国际的招标代理、造价咨询、项目管理等业务量已占公司总业务量的 30%，有限多元化的发展战略初见成效。

按照有关政策法规，公司建立和完善了《项目管理提供过程控制程序》、《招标（采购）代理服务提供过程控制程序》、《全过程造价咨询服务提供过程控制程序》等业务范围的程序文件。在此基础上，公司对项目管理程序、作业指导文件和基础数据库进行了充实和完善，实现对工程项目的科学化、信息化和程序化管理。

适应工程项目管理服务的需要，公司进一步建立和完善了相适应的组织机构和管理体系，设立了项目管理、国际工程、招标代理、造价咨询等事业部，在企业的组织结构、专业设置、资质资格、管理制度和运行机制等方面，有效提升了公司的系统管理水平。

同时，公司加强人才的培养和加大人才引进力度，完善人才培养的梯队建设和体系建设，配备与开展全过程项目管理服务相适应的注册监理工程师、造价师、建造师、建筑师、勘察设计注册工程师、招标工程师、项目管理师等各类执业人员和专家，以及由复合型管理人员构成的高素质人才队伍。这些人才的配备全方位提高了项目管理的水平，满足了公司发展和管理业务的需要。

1. 招标代理

2005 年兴电国际兼并一家亏损的招标代理公司，以此为契机，公司开始开展招标代理业务，目前公司招标部 20 余人具有国家招标师资格。自有专家组由国内长期从事项目管理、投资、勘察、设计、施工、监理、招标业务等方面的资深专家组成，可以随时为招标业务提供全方位的技术支持和质量保证。公司已建立了较大规模的评标专家库，并积累了大量的招标方面的有效信息和数据。可以根据顾客的不同需要，提供货物、工程和服务等方面的招标代理业务。公司充分发挥整体优势，积极进行业务开拓，先后承接了多个投资规模较大的项目，例如国家体育局自行车击剑运动管理中心、中国中医科学院广安门医院、中国国家话剧院、北京英特宜家购物中心等，并在教育、医疗、科研等领域都取得了不俗的业绩。参加了国家招标投标公共服务平台项目的业务咨询工作，提升了招标代理的总体影响力。连续多次被评为全国招标代理机构诚信创优先进单位，成为北京市建筑市场央企中招标代理业绩的排头兵。

2. 造价咨询

公司在造价咨询板块是以工程监理的造价服务为基础，以甲级设计院为依托，现有造价专业人员 60 多人，可以提供全过程造价咨询服务。公司自有专家组的资深专家可以为造价咨询业务提供全方位的权威性技术支持和质量保证，颇具特色的动态造价信息数据库可以提供经济技术指标、材料产品的价格信息及产品方面的信息资料。凭借精良的服务和可靠的信誉逐步构建了稳定的客户群，取得了骄人的成绩。先后承接了中国航信高科技产业园（总投资 56 亿元）、华夏幸福基业孔雀城（建筑面积约 249 万 m^2）、北京同仁医院扩建工程（10 万 m^2）等项目的全过程造价咨询服务；积极参与首创、旭辉等多个房地产开发公司的全过程造价咨询业务。将造价咨询服务拓展到海外，接连承揽了俄罗斯远东地区 KIMKAN 铁矿选矿厂 EPCOT 项目和孟加拉 Meghnaghat 双燃料 337MW 联合循环电站、伊拉克污水处理厂等国际项目的造价咨询，成为央企设计院中造价咨询业绩佼佼者。

3. 项目管理

自 2000 年北京市环境治理工程所涉及的中央国家机关锅炉改造工程起，兴电国际开始开展项目管理服务。兴电国际作为从设计单位延伸出来的工程管理企业，对工程的前期工作、设计工作比较了解，又有二十年工程管理经验，公司还具有运行多年信誉良好的招标代理机构，在工程监理造价控制人员的基础上成立的造价咨询部，也已在工程造价领域小有影响，因此在拓展项目管理业务上有着得天独厚的优势。

利用设计院及国际化的背景，多元化的复合型人才及自有专家组的专业化技术支持，兴电国际对工程项目管理具有扎实的基础和前瞻性的把控，先后承接了中国原子能科学研究院职工住宅工程、北京天宇朗通设备有限公司新厂建设工程、葫芦岛乐都汇购物广场、深圳中设大厦等工程项目的全过程项目管理业务。

4. 四个板块的菜单式服务模式

（1）工程监理与项目管理一体化

兴电国际所承担的中国新时代健康产业集团科研基地项目、北京乐都汇购物广场、秦皇岛乐都汇购物中心项目，等等，均采用了工程监理与项目管理一体化模式。一体化模式是由一家监理企业同时承担工程监理和项目管理，公司组建项目管理部和项目监理部，作为派出机构，执行该项目管理和工程监理任务。项目管理团队与监理团队一体化办公，分工明确，职责清晰并形成互补。项目管理团队由项目经理负责，对工程项目实施全过程、全方位的策划、管理和协调工作；监理团队由总监负责，全面负责工程施工质量、安全、文明施工等工作。在这种模式下，项目管理工程师和监理工程师各自齐备，信息畅通，工程监理在某种程度成为项目管理的一个职能延伸。

随着建筑市场的高速发展，各个建筑业态趋于饱和，增量资产的建设逐渐下降，存量资产的改造与装修日益增多。目前部分资本和私募资金开始进入这一领域，开展“资产精装修”、“楼宇经济”的模式，即对核心城市核心区的酒店、商业、写字楼等业态进行升级改造，整体运营提升品质，最大限度地挖掘经济价值。这种装修工程和旧楼改造工程都比较适用工程监理与项目管理一体化模式，也都取得了比较好的效果，受到业主的好评。

（2）全过程集成化项目管理服务

随着业主需求的改变以及项目管理技术的迅速发展，建设工程项目管理呈现出集成化、信息化的趋势。建设工程项目管理的集成化，不仅是指项目全寿命周期和全要素成本的集成管理，而且包括项目工期、造价、质量、安全、环境等要素的集成管理。这就要求工程监理企业具备“五位一体”的综合实力，即具备投资咨询、设计管理、招标代理、造价咨询及工程监理的能力，能为业主提供质量、成本、安全、环境等综合管理的能力和水平。兴电国际在全过程集成化项目管理模式上也进行了积极的探索，并陆续在一些项目上取得了不少的经验和成果。

5. 总承包方的项目管理

以服务主业为切入点，发挥公司整体优势，不断适应工程总承包方对工程管理的要求，加大与总公司的战略协同，走出国门，参与总承包方的项目管理。根据总公司 EPC 项目的需要，兴电国际参与了赤道几内亚马拉博城市电网和国家电网项目、赤道几内亚燃气 / 重油发电站项目、科特迪瓦国家电网项目、喀麦隆国家会议大厦的装修改造项目、喀麦隆国家体育馆项目，等等。

6. 项目管理业务延伸

由于目前投资主体的多元化，业主对于工程管理的差异化需求也在日渐增多，需要监理企业适应新形势的发展，探索创新模式以满足业主不同的个性化要求。兴电国际适应市场的需求，在机电咨询顾问、第三方飞行检查、项目前期咨询服务等项目管理模式上进行了积极探索和经验积累，承接了阳光保险集团、宝马汽车和中国机械设备工程股份有限公司等全国多个项目的第三方飞行检查业务，承担了中国机械设备工程股份有限公司的基建项目工程咨询服务，开展了越南山洞 2×110MW 热电站项目、赤道几内亚城市电网项目、唐山青少年科技体验中心等项目的设备监造服务，并在其他咨询方式上进行拓展，承揽了宁夏灵武污水处理厂技术质量诊断、造价咨询及现场管理服务。

四、工程监理企业有限多元化发展的体会

项目管理是监理服务向前向后的延伸，同时和单纯的监理服务又有很大不同，在工作中笔者有以下几点体会：

1. 多年来，工程监理的作用已经得到建设领域和社会的认可，虽然目前监理行业存在着许多发展制约因素，但它仍是我国目前建设工程施工阶段工程咨询服务行业的主要内容。从兴电国际的实际情况看，工程监理仍然是生存和发展的基础，因此，在当前的现状下，在向有限多元化发展的实践中，工程监理这个主业不能丢，在做大工程监理板块的基础上，兴电国际已经形成了工程监理、造价咨询、招标代理和项目管理四个板块彼此促进彼此融合局面，也树立了公司的全过程、全方位项目管理的整体综合优势。

2. 一体化模式的前提是需要建设单位对监理单位的充分信任与授权，如果建设单位对一体化模式抱有疑虑甚至有监理和管理相互制衡的思路，一体化的模式就难以实施，这也就要求项目管理团队具备能在更高层次上驾驭项目的能力。建设单位的信任与项目管理团队的能力是相辅相成的关系，项目管理团队越是表现出工程管理的专业化能力和经验，就越会得到建设单位的信任；建设单位越是信任项目管理团队，就越会促进项目管理团队对于工程管理的把控和成效。

3. 一体化模式的优缺点

（1）单独的项目管理和工程监理由于属于不同监理公司，各自有自己的利益和立场，加之彼此

看待问题的角度不同，经常出现无法协调一致的现象，尤其是在进度与质量、进度与安全出现矛盾时这种情况极为常见，其后果往往就是施工现场管理混乱，发生问题后互相推诿、扯皮。一体化后管理工作的效率因减少了这些问题而得到提升，与单独的项目管理、工程监理相比，一体化后对整个项目的管理能做到一次介入，管理工作及时到位，杜绝了由于扯皮而导致的管理延时和间断。

（2）监理企业由于长期从事施工阶段的监理工作，对于施工阶段容易出现的问题颇有心得和经验，一体化后的管理可以使工程监理提前发挥经验优势，使得在项目管理前期阶段就对建设全过程中各类风险因素尤其是技术风险进行研判，充分发挥工程监理和项目管理一体化得天独厚的优势。

（3）工程监理和项目管理一体化会使监理企业的人力资源得到高效利用，减少了管理成本的支出，但是同时由于隶属一家监理公司，出现问题也容易彼此掩盖，或者为了照顾情面而疏于管理，往往会导致建设单位对项目管理的成效提出疑义，恶化相互之间的信任，甚至是对一体化模式的否定，这就需要工程监理和项目管理的管理职责更加清晰明确。

五、工程监理企业有限多元化发展的建议

工程监理资质与造价资质、招标代理资质需要理顺，业务需要融合。虽然监理业务范围包括造价控制，但是现实中监理资质和造价资质是分开的；虽然工程招标阶段的工程量清单及控制价必须要编制，但是工程招标资质和造价资质却是分开的，而住建部《工程造价咨询企业管理办法》（2006年部令149号）规定，工程造价咨询企业出资人中，注册造价工程师人数不低于出资人总人数的60%，且出资额不低于企业注册资本的60%，使工程监理企业很难在同一法人单位名义下同时拥有造价咨询资质，形成项目管理业务开展的障碍，不利于大型监理企业向项目管理方向发展。如果工程监理资质能够与造价咨询资质相融合、招标代理资质与造价资质相融合，就会极大促进监理企业向项目管理方向发展。

六、结束语

由于目前投资主体的多元化，业主对于工程管理的差异化需求也在日渐增多，需要监理企业适应新形势的发展，探索创新模式以满足业主不同的个性化。市场需求要求监理企业向多元化的方向发展，实现项目管理与工程监理相互融合，兼容并蓄，取长补短，逐步形成成熟有特色的工程项目管理模式，这些不同模式给予了监理企业更丰富的产品组合，可以满足业主日渐增长的各种需求，也提高了监理企业的竞争优势。同时，监理企业开展多元化经营，要从市场需求和监理企业的实际情况出发，循序渐进，科学规划，逐步拓展多元化的业务范围，从企业战略的高度，分析企业的外部环境和内部条件，发挥企业自身优势，有选择地进行多元化发展。

《中国建设监理与咨询》征稿启事

《中国建设监理与咨询》是中国建设监理协会与中国建筑工业出版社合作出版的连续出版物，侧重于监理与咨询的理论探讨、政策研究、技术创新、学术研究和经验推介，为广大监理企业和从业者提供信息交流的平台，宣传推广优秀企业和项目。

一、栏目设置：政策法规、行业动态、人物专访、监理论坛、项目管理与咨询、创新与研究、企业文化、人才培养。

二、投稿邮箱：zgjsjlxh@163.com，投稿时请务必注明联系电话和邮寄地址等内容。

三、投稿须知：

1. 来稿要求原创，主题明确、观点新颖、内容真实、论据可靠，图表规范，数据准确，文字简练通顺，层次清晰，标点符号规范。

2. 作者确保稿件的原创性，不一稿多投、不涉及保密、署名无争议，文责自负。本编辑部有权作内容层次、语言文字和编辑规范方面的删改。如不同意删改，请在投稿时特别说明。请作者自留底稿，恕不退稿。

3. 来稿按以下顺序表述：①题名；②作者（含合作者）姓名、单位；③摘要（300字以内）；④关键词（2~5个）；⑤正文；⑥参考文献。

4. 来稿以4000～6000字为宜，建议提供与文章内容相关的图片（JPG格式）。

5. 来稿经录用刊载后，即免费赠送作者当期《中国建设监理与咨询》一本。

本征稿启事长期有效，欢迎广大监理工作者和研究者积极投稿！

欢迎订阅《中国建设监理与咨询》

《中国建设监理与咨询》面向各级建设主管部门和监理企业的管理者和从业者，面向国内高校相关专业的专家学者和学生，以及其他关心我国监理事业改革和发展的人士。

《中国建设监理与咨询》内容主要包括监理相关法律法规及政策解读；监理企业管理发展经验介绍；和人才培养等热点、难点问题研讨；各类工程项目管理经验交流；监理理论研究及前沿技术介绍等。

《中国建设监理与咨询》征订单回执

订阅人信息	单位名称				
	详细地址			邮编	
	收件人			联系电话	
出版物信息	全年（6）期	每期（35）元	全年（210）元/套 （含邮寄费用）	付款方式	银行汇款
订阅信息					
订阅自2016年1月至2016年12月，＿＿＿＿套（共计6期/年）　付款金额合计￥＿＿＿＿＿＿元。					
发票信息					
□我需要开具发票 发票抬头：＿＿＿＿＿＿ 发票类型：一般增值税发票 发票寄送地址：□收刊地址　□其他地址 地址：＿＿＿＿＿＿邮编：＿＿＿＿　收件人：＿＿＿＿　联系电话：＿＿＿＿					
付款方式：请汇至“中国建筑书店有限责任公司”					
银行汇款 □ 户　名：中国建筑书店有限责任公司 开户行：中国建设银行北京甘家口支行 账　号：1100 1085 6000 5300 6825					

备注：为便于我们更好地为您服务，以上资料请您详细填写。汇款时请注明征订《中国建设监理与咨询》并请将征订单回执与汇款底单一并传真或发邮件至中国建设监理协会信息部，传真 010-68346832，邮箱 zgjsjlxh@163.com。

联系人：中国建设监理协会　王北卫　孙璐，电话：010-68346832。

中国建筑工业出版社　张幼平，电话：010-58337166。

中国建筑书店　电话：010-68324255（发票咨询）

《中国建设监理与咨询》协办单位

北京市建设监理协会
会长：李伟

中国铁道工程建设协会
副秘书长兼监理委员会主任：肖上潘

京兴国际工程管理有限公司
执行董事兼总经理：李明安

北京兴电国际工程管理有限公司
董事长兼总经理：张铁明

北京五环国际工程管理有限公司
总经理：李兵

咨询北京有限公司
BEIJING CONSULTING CORPORATION LIMITED

中国水利水电建设工程咨询北京有限公司
总经理：孙晓博

鑫诚建设监理咨询有限公司
董事长：严弟勇　总经理：张国明

北京希达建设监理有限责任公司
总经理：黄强

山西省建设监理协会
会长：唐桂莲

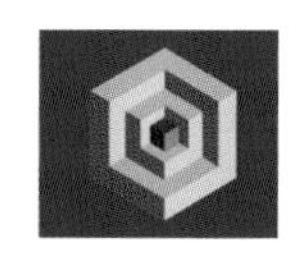

山西省建设监理有限公司
董事长：田哲远

山西煤炭建设监理咨询公司
执行董事兼总经理：陈怀耀

山西和祥建通工程项目管理有限公司
执行董事：胡蕴　副总经理：段剑飞

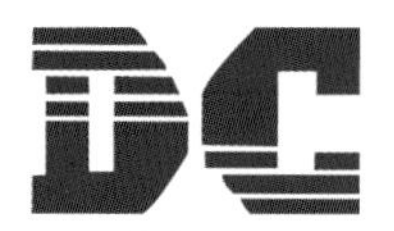

太原理工大成工程有限公司
董事长：周晋华

山西省煤炭建设监理有限公司
总经理：苏锁成

山西震益工程建设监理有限公司
董事长：黄官狮

山西神剑建设监理有限公司
董事长：林群

山西共达建设工程项目管理有限公司
总经理：王京民

晋中市正元建设监理有限公司
执行董事兼总经理：李志涌

运城市金苑工程监理有限公司
董事长：卢尚武

沈阳市工程监理咨询有限公司
董事长：王光友

大连大保建设管理有限公司
董事长：张建东　总经理：柯洪清

吉林梦溪工程管理有限公司
总经理：张惠兵

上海建科工程咨询有限公司
总经理：张强

上海振华工程咨询有限公司
总经理：徐跃东

江苏誉达工程项目管理有限公司
董事长：李泉

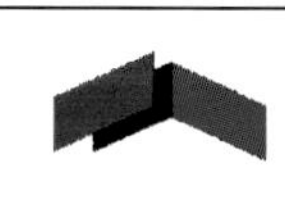

LCPM

连云港市建设监理有限公司
董事长兼总经理：谢永庆

江苏赛华建设监理有限公司
董事长：王成武

南通中房工程建设监理有限公司
董事长：于志义

浙江省建设工程监理管理协会
副会长兼秘书长：章钟

浙江江南工程管理股份有限公司
董事长总经理：李建军

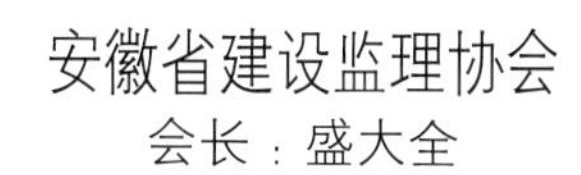

安徽省建设监理协会
会长：盛大全

合肥工大建设监理有限责任公司
总经理：王章虎

山东同力建设项目管理有限公司
董事长：许继文

煤炭工业济南设计研究院有限公司
总经理：秦佳之

厦门海投建设监理咨询有限公司
总经理：陈仲超

驿涛项目管理有限公司
董事长：叶华阳

《中国建设监理与咨询》协办单位

河南省建设监理协会
会长：陈海勤

郑州中兴工程监理有限公司
执行董事兼总经理：李振文

河南建达工程建设监理公司
总经理：蒋晓东

河南清鸿建设咨询有限公司
董事长：贾铁军

河南建基工程管理有限公司
总经理：黄春晓

郑州基业工程监理有限公司
董事长：潘彬

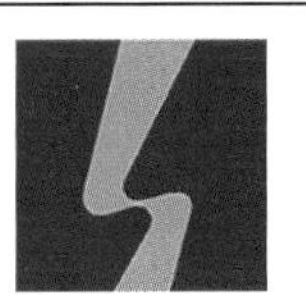
武汉华胜工程建设科技有限公司
董事长：汪成庆

长沙华星建设监理有限公司
总经理：胡志荣

深圳市监理工程师协会
会长：方向辉

广东工程建设监理有限公司
总经理：毕德峰

广东华工工程建设监理有限公司
总经理：杨小珊

重庆赛迪工程咨询有限公司
董事长兼总经理：冉鹏

重庆联盛建设项目管理有限公司
总经理：雷开贵

重庆华兴工程咨询有限公司
董事长：胡明健

重庆正信建设监理有限公司
董事长：程辉汉

二滩国际
Ertan International
四川二滩国际工程咨询有限责任公司
董事长：赵雄飞

贵州省建设监理协会
会长：杨国华

贵州建工监理咨询有限公司
总经理：张勤

贵州电力工程建设监理公司
经理：袁文种

云南新迪建设咨询监理有限公司
董事长兼总经理：杨丽

云南国开建设监理咨询有限公司
执行董事兼总经理：张葆华

西安高新建设监理有限责任公司
董事长兼总经理：范中东

西安铁一院
工程咨询监理有限责任公司
西安铁一院工程咨询监理有限责任公司
总经理：杨南辉

西安普迈项目管理有限公司
董事长：王斌

西安四方建设监理有限责任公司
董事长：史勇忠

华春建设工程项目管理有限责任公司
董事长：王勇

华茂监理
HUAMAO SUPERVISION
陕西华茂建设监理咨询有限公司
总经理：阎平

新疆昆仑工程监理有限责任公司
总经理：曹志勇

河南省万安工程建设监理有限公司
董事长：汪之祯

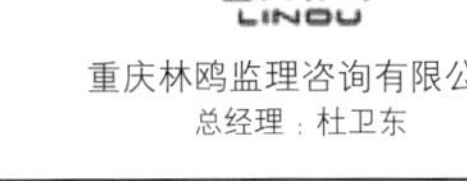
重大林鸥
重庆林鸥监理咨询有限公司
总经理：杜卫东

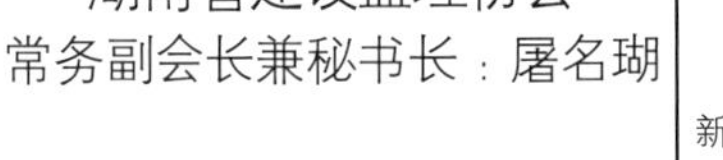
湖南省建设监理协会
常务副会长兼秘书长：屠名瑚

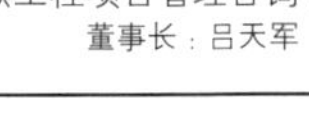
新疆天麒工程项目管理咨询有限责任公司
董事长：吕天军

中船重工海鑫工程管理（北京）有限公司
总经理：栾继强

江苏赛华建设监理有限公司

江苏赛华建设监理有限公司原系中国电子工业部所属企业，立于 1986 年，原名江苏华东电子工程公司(监理公司)。公司建设部批准的首批甲级建设监理单位，全国先进监理企业，苏省示范监理企业，是质量管理体系认证、职业健康安全管体系认证和环境管理体系认证企业。2003 年整体改制为民营业。

公司现有专业监理人员 500 多人，其中国家级注册监理工师 80 余人，高级工程师 60 余人，工程师近 200 人。

公司所监理的工程项目均采用计算机网络管理，并配备常检测仪器、设备。

公司成立二十多年来，先后对两百余项国家及省、市重点程实施了监理，监理项目遍布北京、上海、深圳、西安、成都、家庄、厦门、汕头、南京、苏州、无锡等地。工程涉及电子、电、电力、医药、化工、钢铁工业及民用建筑工程，所监理工程获鲁班奖、全国建筑装饰工程奖、省优(扬子杯)、市等多个奖项，累计监理建筑面积 4000 多万平方米，投资规模00 多亿元。公司于 1995 年被建设部评为首届全国建设监理进单位，并蝉联 2000 年第二届全国建设监理先进单位称号，12 年被评为“2011 ~ 2012 年度中国工程监理行业先进工程理企业”。

作为中国建设监理行业的先行者，江苏赛华建设监理有限司不满足于已经取得的成绩，我们将继续坚持“守法、诚信、正、科学”的准则，秉承“尚德、智慧、和谐、超越”的理，发挥技术密集型的优势，立足沪宁，面向全国，走向世界，国内外顾客提供优质服务。

上海国际航空服务中心

桑田岛

无锡茂业城

无锡硕放机场

无锡太湖饭店

晋中市正元建设监理有限公司

晋中市正元建设监理有限公司成立于1994年12月，原名晋中市建设监理有限公司，于2008年6月经批准更名，是经山西省建设厅批准成立的具有独立法人资格、房屋建筑工程监理甲级、市政公用工程监理乙级资质的专业性建设监理公司。公司主营工业与民用建筑工程及市政建设工程的监理任务，兼营建设工程技术服务和技术咨询业务。公司拥有一支素质优良、业务精湛的职工队伍，现有员工360余人，其中国家、省级注册监理工程师220余人，注册造价工程师3人，注册一级建造师4人，注册安全工程师1人，具有高、中级技术职称的有240余人，其余人员都经山西省建设厅培训合格并取得了监理员岗位证书。

公司成立以来，建立健全了一套完备有效的管理运行机制，并于2009年顺利通过了GB/T 19001-2008质量管理体系认证，公司始终贯彻"规范管理、以诚取信"的经营宗旨，坚持"守法、诚信、公正、科学"的企业经营原则，坚持"以人为本"的管理理念，建立了较完善的质量体系，对员工进行严格考核，对现场规范管理，在本地区、本行业中逐渐打造出良好的企业品牌。公司先后承担了晋中城区及所属县、市1300多项、近1200万平方米各类工业与民用建筑的工程监理任务，工程合格率100%，优良率50%以上。其中，晋中市公安局人民警察训练学校、和顺县煤炭交易大厦、晋中客货运输信息中心大楼、晋中市财政局档案局综合办公楼、新兴·君豪国际商住楼、经纬科技中心大楼、晋中市建设工程综合交易中心、晋中市国土资源局办公大楼、太谷中学实验楼、和顺一中实验楼、晋中市委市政府办公大楼、榆次中国银行营业大楼、晋中市国税局培训中心、介休市邮政住宅小区、山西农业大学2#学生公寓、田森B区住宅楼等工程均荣膺山西省建筑工程质量最高奖——汾水杯奖，另外，经纬科技中心大楼、田森佳园工程和灵石县实验小学教学楼等工程还荣获山西省太行杯土木工程大奖。同时，公司先后监理的一大批工程均被评为省优、市优工程。近年来，公司还还圆满完成了多项市政工程的监理任务，如玉湖公园改造及绿化工程、晋中市环城路亮化工程、体育公园土建及绿化工程、晋中市经纬绿地绿化工程、晋中市北部新城乡高压线网整合配套管道及道路工程、晋商公园一期、二期土建及绿化工程等工程，均得到了业主的充分肯定。

回首过去，公司以一流的服务受到了业主的一致好评，赢得了良好的社会信誉，同时，也得到了上级主管部门的充分肯定，连续多年被山西省建设厅、晋中市政府、晋中市建设局授予"省级先进监理单位"、"省建设监理企业安全生产先进单位"、"晋中市建设工作先进集体"等荣誉称号，2008年被山西省建设监理协会授予"三晋工程监理企业二十强"荣誉称号，并于2012年3月1日"晋中市正元建设监理有限公司龙城高速公路房建监理合同段"被山西省劳动竞赛委员会授予"劳动集体三等功"荣誉称号。

展望未来，云程发轫。公司的发展融入着广大业主的支持和信任，公司将继续坚持"守法诚信，公正科学，真诚服务，精益求精"的质量方针，继续强化"一切服务于用户，一切服务于工程"的宗旨意识，不断进取、开拓创新，以更专业的知识、更科学的技术，更周到地为业主提供更优质的服务。

8650部队医院

晋中市财政局办公大楼

三水职工住宅小区

山西华澳商贸职业学院主教学楼

榆次区小南庄整体搬迁安置综合项目

钰荣源小区

榆次开发区办公大楼

晋中市审计局办公大楼

晋中学院主楼

榆次一中

经　理：李志涌
电　话：0354-3031517
邮　编：030600
邮　箱：jzjl3031517@163.com

郑州市新郑国际机场候机楼工程（鲁班奖）

郑州市郑东新区滨河路跨东西运河立交桥（国家市政金杯奖）

驰中央特区

河南省省委党校代建工程

郑州大学图书馆（国家优质工程银奖）

河南省地质博物馆（国家优质工程银奖）

河南省人民医院病房楼（国家优质工程银奖）

河南光彩大厦（国家优质工程银奖）

河南建达工程建设监理公司

河南建达工程建设监理公司创建于 1993 年，依托河南省唯一的 211 工程重点院校——郑州大学，公司拥有强大的技术团队支持、雄厚的人才储备和先进的管理理念，专注于房屋建筑工程监理、市政公用工程监理、工程招标代理和工程项目代建服务质量的提升。公司现拥有房建工程监理甲级、市政工程监理甲级、通信工程监理乙级、化工石油工程监理乙级、机电安装工程监理乙级和工程招标代理乙级等专业资质。同时提供工程项目代建及工程项目管理服务。

大浪淘沙，激流勇进。在市场经济的惊涛骇浪中，建达监理公司走过了 22 年的风雨历程，从小到大，从弱到强，为河南省监理事业的发展谱写了光辉的篇章。公司目前已形成了一支敬业、高效、团结、严谨、和谐的团队，在册专业技术人员 500 余人，共有注册监理工程师 100 余人，注册造价工程师、注册建造工程师 40 余人，中国工程监理大师 1 人。

22 年来建达人重合同守信誉，多次被评为国家、河南省、郑州市三级先进监理单位；多次入选河南省建设厅重点推荐的“全省工程监理企业 20 强”；2007 年、2012 年、2014 年被评为全国先进监理企业；2008 年被评为“中国建设监理创新发展 20 年工程监理先进企业”。一分耕耘一分收获，建达人艰苦努力和不懈追求结出累累硕果。在承揽的各类工程中有郑州新郑国际机场工程、河南省人民医院病房楼工程、河南省委办公楼工程、河南省体育中心体育场工程、郑州大学图书馆工程和河南移动通讯大厦工程、郑州大学新校区综合管理中心工程和河南省地质博物馆综合楼工程、郑州市郑东新区滨河路跨东西运河立交桥、郑州市京广快速路工程等十五项工程荣获鲁班奖、国家优质工程奖和国家市政金杯奖，还有其他 50 余项工程荣获河南省“中州杯”优质工程奖。

敬业创新，与时俱进，这就是建达人的信念。2006 年以来，公司顺应市场的发展趋势，努力拓展新的业务领域，大力开展工程项目代建、工程招标代理服务，以代建项目管理为工作重点，以建达品牌为核心，力求稳步发展的同时争取新的业务增长点。作为河南省首批建设工程项目管理和代建工程试点企业，2007 年 1 月公司承担的河南省首个政府大型代建工程——占地 247 亩、建筑面积 3.6 万平方米、投资达 1.13 亿元的中共郑州市委党校迁建工程现已顺利竣工。这标志着公司在工程项目代建领域迈出了坚实的第一步。2009 年 6 月公司承担的第二个大型代建项目——总用地面积达 67 万平方米、总建筑面积 11.99 万平方米、总投资达 5.99 亿元的中共河南省委党校新校区工程奠基典礼，为公司工程项目代建业务的发展翻开了新的一页。

22 年的激情汗水迎来今日的灿烂辉煌，建达人一步一个脚印的走到了今天，在实践里成长，在创新中超越，收获的是荣誉和掌声，延续的是梦想和希望。

地　址：郑州市文化路 97 号郑州大学工学院内
邮　编：450002
电　话：0371-63887416
传　真：0371-63886373
网　址：www.jianda.cn

背景：中共郑州市委党校迁建工程（项目代建）

鑫诚建设监理咨询有限公司

鑫诚建设监理咨询有限公司是主要从事国内外工业与民用
设项目的建设监理、工程咨询、工程造价咨询等业务的专业
监理咨询企业。公司成立于 1989 年，前身为中国有色金属工
总公司基本建设局，1993 年更名为鑫诚建设监理公司，2003
更名登记为鑫诚建设监理咨询有限公司，现隶属中国有色矿
集团有限公司。

公司是较早通过 ISO9002 国际质量认证的监理单位之一。
年来，一贯坚持“诚信为本、服务到位、顾客满意、创造一流”
宗旨，以雄厚的技术实力和科学严谨的管理，严格依照国家
地方有关法律、法规政策进行规范化运作，为顾客提供高效、
质的监理咨询服务。公司业务范围遍及全国大部分省市及中
西亚、非洲、东南亚等地，承担了大量有色金属工业基本
设项目以及化工、市政、住宅小区、宾馆、写字楼、院校等
设项目的工程咨询、工程造价咨询、全过程建设监理、项目
理等工作，特别是在铜、铝、铅、锌、镍、钛、钴、钼、银、
钽、铌、铍以及稀土等有色金属采矿、选矿、冶炼、加工
及环保治理工程项目的咨询、监理方面，具有明显的整体优势、
富的专业技术经验和管理能力，创造了丰厚的监理咨询业绩。
司在做好监理服务的基础上，造价咨询和工程咨询业务也卓
成效，完成了多项重大、重点项目的造价咨询和工程咨询工
取得了良好的社会效益。公司成立以来所监理的工程中有
工程获得建筑工程鲁班奖（其中海外工程鲁班奖两项），18
获得国家优质工程银质奖，105 项获得中国有色金属工业（部）
优质工程奖，26 项获得其他省（部）级优质工程奖，获得北京
建筑工程长城杯 16 项。

公司致力于打造有色行业的知名品牌，在加快自身发展的同
关注和支持行业发展，积极参与业内事务，认真履行社会责任，
力支持社会公益事业，获得了行业及客户的广泛认同。1998 年
得“八五”期间“全国工程建设管理先进单位”称号；2008 年
中国建设监理协会等单位评为“中国建设监理创新发展 20 年先
监理企业”；1999 年、2007 年、2010 年、2012 年连续被中国建
监理协会评为“全国先进工程建设监理单位”；1999 年以来连
被评为“北京市工程建设监理优秀（先进）单位”，2013 年获
“2012 年度北京市监理行业诚信监理企业”。公司员工也多人
获得“建设监理单位优秀管理者”、“优秀总监”、“优秀监理
程师”、“中国建设监理创新发展 20 年先进个人”等荣誉称号。

目前公司是中国建设监理协会会员、理事单位，北京市建
监理协会会员、常务理事、副会长单位，中国工程咨询协会
员，国际咨询工程师联合会（FIDIC）团体会员，中国工程造
管理协会会员，中国有色金属工业协会会员、理事，中国有
金属建设协会会员、副理事长，中国有色金属建设协会建设
理分会会员、理事长。

中国有色金属研究总院怀柔基地项目

赞比亚谦比希年产 15 万吨粗铜冶炼工程（获得境外工程鲁班奖）

郑州未来大厦（获得鲁班奖）

银象 · 宁远城商业项目

哈萨克斯坦电解铝二期项目管沟工程

云南锡业股份有限公司年产 10 万吨铜冶炼项目

江铜年产 30 万吨铜冶炼工程

缅甸达贡山镍矿项目

中国最大的移动互联产业基地——联想移动互联（武汉）产业基地

全国第一个免费开放的博物馆——湖北省博物馆（鲁班奖）

华中地区的国际文化中心，中国最优秀的大剧院之一——江西艺术中心

湖北省最大的项目管理工程——中国建设银行武汉灾备中心

首个采用逆作法施工的工程——武汉协和医院门诊医技楼（鲁班奖）

中国科学院对地观测与数字地球科学中心三亚站

湖北省黄石市建市60年最大的立交桥——黄石谈山隧道立交桥

湖北省第一家六星级酒店——武汉积玉桥万达广场威斯汀酒店（国家优质工程奖）

中国第一批五个国家实验室之一、"武汉·中国光谷"的创新源泉—国家光电实验室

华中科技大学先进机械制造工程大楼（鲁班奖）

武汉华胜工程建设科技有限公司

武汉华胜工程建设科技有限公司始创于2000年8月，位于华中科技大学科技园内、美丽的汤逊湖畔，是一家由华中科技大学产业集团有限公司、武汉华中科大建筑设计研究院两个股东发起成立，具有独立法人资格的国有全资的综合型建设工程咨询企业。

公司运作规范，法人治理结构健全，建立了股东会、董事会，在董事会的带领下，公司经营运作良好，社会信誉度高。现已成为了中国建设监理协会理事单位、湖北省建设监理协会副会长单位及武汉建设监理协会会长单位。

公司人才济济，技术力量雄厚，专业门类配套，检测设备齐全，工程监理工作经验丰富，管理制度规范。公司现有员工300余人，其中：高级专业技术职称人员68人，国家注册监理工程师66人，注册造价师14人，注册一级建造师19人，注册咨询工程师5人，注册安全工程师6人，注册结构师1人，注册设备监理师2人，人防监理师18人，香港测量师1人，英国皇家特许建造师2人。

经过15年的跨越式发展，公司已经逐步确立了"一体两翼"的战略发展模式，即以工程监理为主体，以"项目管理＋工程代建＋工程招标代理＋工程咨询"为两翼助力发展，且已取得瞩目成就。目前，公司已具备国家住建部颁发的工程监理综合级资质、招标代理甲级资质和国家发改委颁发的工程咨询乙级资质，同时具备项目管理、项目代建、政府采购、人防监理等资格。公司下设黄石、襄阳、江西、宁波、海南、武穴6家分公司，是目前湖北省住建厅管理的建设工程咨询领域企业中资质最全、门类最广的多元化、规范化和科技化的大型国有企业。

15年的辛勤耕耘，华胜人硕果累累，在行业内享有崇高声誉。公司连续5次被评为"全国先进工程监理企业"，5项工程获得国家优质工程奖，10项工程获得鲁班奖。与此同时，公司8次被评为"湖北省先进监理企业"，9次荣获"武汉市先进监理企业"称号；还被武汉市建设委员会、武汉市市政工程质量（安全）监督站等部门授予"安全质量标准化工作先进单位"、"市政工程安全施工管理单位"、"武汉十佳监理企业"和"AAA信誉企业"的光荣称号。

从公司创业初期的"尽精微至广大"到如今的"尊重员工、忠诚业主、信守承诺、谋求共赢"，华胜人以优秀的企业文化激励员工，为企业发展插上了翱翔的翅膀。在未来的征途中，华胜人将继续秉持"团结奉献、实干创新"的理念，全方位拓展市场，建立数字化管理平台，构建综合产业链，进一步推进企业转型与升级，创造属于每一位华胜人的美好未来。

广东华工工程建设监理有限公司

广东华工工程建设监理有限公司是由华南理工大学组建，经国家建设部批准成立的具有房屋建筑工程监理甲级、市政公用工程甲级、招标代理甲级资格、政府采购乙级资格、人民防空工程监理丙级的有限责任公司企业，是中国监理协会会员单位、广东省监理协会监事单位。荣获“中国建设监理创新发展20年工程监理先进企业”、“全国工程建设百强监理单位”、“全国工程建设优秀监理企业”，连续多年评为“广东省先进工程监理企业”，2010年评为“创建学习型监理组织”活动试点阶段优秀监理单位”，连续十三年“守合同重信誉企业”等称号，并通过ISO9001/ISO14001/OHSAS18001管理体系认证，公司在广东省工商局登记注册，具有独立法人资格。

公司的业务范围：承担工程建设项目全过程（包括项目前期策划、设计阶段、施工阶段和保修阶段）的建设监理；工程招标代理；项目管理、项目代建、工程造价咨询、工程质检、测量、重大技术问题处理、工程技术咨询服务等业务。

华南理工大学是国家重点大学，1995年首批进入国家“211”工程。1952年建校以来，先后设置了土木工程、公路建筑、桥梁与隧道、工程力学、工程测量、水利水电、建筑学、城市规划、新型建筑材料与装饰设计等专业，为国家培养了大批一流的工程建设技术人才。为了充分发挥高校在工程建设领域专业技术人才和科技实力雄厚的优势，支持和推行我国工程建设监理制度的实施，更好地服务于社会，1998年国家实行工程建设监理试点工作以来，华工大注重进行自身建设项目和社会工程项目的建设监理工作。公司成立以来，监理的工程项目规模达1500多万平方米，竣工项目已达到业主要求，其中海格通信产业园荣获2010~2011年度中国建筑工程鲁班奖”、兰亭颖园住宅小区荣获“2003年度中国建筑工程鲁班奖”、中山大学珠海校区教学楼工程荣获“2001年度中国建筑工程鲁班奖”、广州大学城房建六标（华南理工大学）1-18、1-19和广州大学城房建七标（广州中医药学院）药科楼荣获“2006年度国家优质工程银奖”、广州大学城建设项目房建三标（广州中医药大学）二期工程荣获“2007年度国家优质工程银奖”、广州大学城华南理工大学二期体育馆工程荣获“2008年度国家优质工程银奖”、仁恒星期二期工程荣获“2013~2014年度国家优质工程奖”，加上各类省、市奖项共计236项。

公司拥有专业理论造诣高、技术精湛、经验丰富、专业配套齐全的专业技术人员400余人。高级工程师62人、工程师178人、初级职称0人，其中国家注册监理工程师、注册一级结构工程、注册造价工程师67人。副总工程师张原荣获全国首批“中国工程监理大师”荣誉称号，总工程师蔡健、副总工程师张原是首批获得内地监理工程师与香港建筑测量师互认的建筑测量师。具备各类高技术素质的专家、教授等一批专业人才，是我公司顺利开展监理业务、提供优质服务的根本保证。他们在多年的工程建设实践中积累了丰富的工程设计、施工和监理实际经验，负责提供技术支持和解决工程施工过程中出现的重大难题。同时具备了高水平的管理才能以及工程项目的统筹和综合协调能力。

公司在工程建设监理的实践中，注重将国外建设监理的成功经验与国内工程建设监理的实践相结合，努力探索，不断完善，形成了既符合国际工程建设惯例又具有中国特色的工程建设监理模式。在工程项目建设的全过程中，我们能较好地统筹与协调各方面、各环节的工作，严格合同管理，对工程质量，工程进度和工程投资进行有效的控制，使工程项目按照投资预期的目标合理有序地进行，以达到投资者提高投资综合效益的目的。

公司遵循守法、诚信、公正、科学的准则，本着“规范监理、优质服务、创造精品、奉献社会”的宗旨，竭诚为国内外投资者提供合理、优质、高效的专业化服务。

广州大学城华南理工大学校区（荣获3项国家优质工程银奖）

港珠澳大桥珠海口岸工程（旅检区、办公区、交通中心、交通连廊）（国家超级工程）

广州科学城海格通信产业园（荣获2010~2011年度中国建设工程鲁班奖）

广州兰亭颖园（荣获2003年度中国建筑工程鲁班奖）

中山大学珠海校区教学楼（荣获2001年度中国建筑工程鲁班奖）

太钢技术改造工程建设全景

太钢冷连轧工程

新建炼钢工程一角

焦炉煤气脱硫脱氰工程

2250mm 热轧工程

山西震益工程建设监理有限公司

山西震益工程建设监理有限公司，原为太钢工程监理有公司，于2006年7月改制为国有股份全部退出的有限责任公司是具有冶炼、电力、矿山、房屋建筑、市政公用等工程监理工程试验检测、设备监理甲级执业资质的综合性工程咨询服企业。主要业务涉及冶金、矿山、电力、机械、房屋建筑、市政环保等领域的工程建设监理、设备监理、工程咨询、造价咨询检测试验等。

公司拥有一支人员素质高、技术力量雄厚、专业配套能强的高水平监理队伍，现有职工500余人。其中各类国家级册工程师163人，省（部）级监理工程师334人，高级职称人、中级职称386人。各类专业技术人员配套齐全、技术水平高管理能力强，具有长期从事大中型建设工程项目管理经历和验，具有良好的职业道德和敬业精神。

公司先后承担了工业及民用建设大中型工程项目500余个足迹遍及国内二十多个省市乃至国外，在全国各地四千余个造厂家进行了驻厂设备监理。有近100项工程分别获得“新国成立六十周年百项经典暨精品工程奖”、“中国建设工程鲁奖”、“国家优质工程——金质奖”、“冶金工业优质工程”、“西省优良工程”、山西省“汾水杯”质量奖、山西省及太原市“全文明施工样板”工地等。

依托公司良好的业绩和信誉，公司近年来连续获得国家冶金行业及山西省“优秀/先进监理企业”称号、太原市“守诚信”单位等。《中国质量报》曾多次报导介绍企业的先进事

公司注重企业文化建设，以“追求卓越、奉献精品”为业使命，秉承“精心、精细、精益”特色理念，围绕“建设具公信力的监理企业”企业目标，创建学习型企业，打造山震益品牌，为社会各界提供优质产品和服务。

太钢新炼钢工程全景

中天·未来方舟

贵州大学花溪校区扩建工程中心图书馆

孔学堂

金阳新区贵阳市轨道交通运营管理中心及配套项目

峰会国际大厦

桐荫路

贵州建工监理咨询有限公司

贵州建工监理咨询有限公司（原贵州建工监理公司）成立于1994年6月，是贵州省首家监理企业，公司注册资本800万元人民币。1994年加入中国建设监理协会，系中国建设监理协会理事单位。2001年加入贵州省建设监理协会，系贵州省建设监理协会会员单位，公司董事长出任贵州省建设监理协会副会长至今。1996年经建设部审定为甲级监理资质，是贵州省最早的甲级监理单位。2009年审定为贵州省首批工程项目管理企业（甲级）。2006年至今连续荣获贵州省“守合同、重信用”单位称号，并荣获全国“先进工程建设监理单位”称号，1999年12月在贵州的监理企业中首家通过ISO9002国际质量认证，并于2010年10月完成ISO9001：2008国际质量管理体系改版升级认证。完成了ISO9001:2008质量管理体系国际认证、ISO14001:2004环境管理体系国际认证、GB/T28001-2001/OHSAS18001001:2007职业健康安全管理体系国际认证。2007年3月完成企业改制工作，现为有限责任公司。

经过多年的不断发展，贵州建工监理咨询有限公司现已逐步发展成为集工程监理、工程项目管理、工程招标代理、工程造价咨询、工程咨询及工程技术专业评估等于一体的大型综合性咨询企业。公司业务及资质范围包括工业与民用工程监理甲级、市政公用工程监理甲级、工程项目管理甲级、机电安装工程、工程招标代理、工程造价咨询、交通建设工程监理、地质灾害防治工程监理、地质灾害危险性评估、人防工程监理、水利工程施工监理等。

公司自成立以来，先后在北京、西藏、江苏、广东、广西、云南、贵州等地承接监理项目2400余项，总监理面积达7000多万平方米。现已完成监理项目2000余项，已完成监理工程总面积达5000多万平方米。公司坚持秉承“诚信服务、持续改进、监帮并举、科学管理”的质量方针，始终遵循“业主满意、社会满意、员工满意”的经营理念，竭诚为顾客提供优质服务。

贵州建工监理咨询有限公司现有700余名具有丰富实践经验和管理水平的高、中级工程管理人员和长期从事工程建设实践工作的工程技术人员及一批省建设厅和相关行政事业单位退休特聘的知名专家、学者，不但人员素质高，而且在专业配置、管理水平、技术装备上都有较强的优势。并且还首创性地设立了独有的涉及各专业领域的独立专家库，为项目管理提供强大的经济、技术咨询和服务。

在今后的发展过程中，我们将以更大的热忱和积极的工作态度，不断改进和完善各项服务工作，竭诚为广大业主提供更为优质的服务，并朝着技术一流、服务一流、管理一流的现代化服务型企业而不懈努力和奋斗。